“十四五”时期国家重点出版物出版专项规划项目

中国石油二氧化碳捕集、利用与封存（CCUS）技术丛书

主编 张道伟

CCUS-EOR注采工程技术

潘若生 马 锋 宋 杨 白相双 ◎等编著

U0252830

石油工业出版社

内 容 提 要

本书围绕 CCUS 注采工程应用中的技术研究、生产保障等问题，总结十余年技术攻关及矿场试验经验，系统阐述了 CCUS 注采工程各项工艺技术理论基础与工艺原理；重点介绍了钻井侵蚀防护、注入工艺、举升工艺、腐蚀防护、剖面调控、封井工艺、生产过程监测等技术。

本书可供从事二氧化碳捕集、利用与封存工作的管理人员及工程技术人员使用，也可作为石油企业培训用书、石油院校相关专业师生参考用书。

图书在版编目（CIP）数据

CCUS-EOR 注采工程技术 / 潘若生等编著 . —北京：石油工业出版社，2023.8

（中国石油二氧化碳捕集、利用与封存（CCUS）技术丛书）

ISBN 978-7-5183-5988-2

Ⅰ . ① C⋯ Ⅱ . ①潘⋯ Ⅲ . ①石油开采 – 研究 Ⅳ . ① TE35

中国国家版本馆 CIP 数据核字（2023）第 080207 号

出版发行：石油工业出版社
　　　　　（北京安定门外安华里 2 区 1 号　　100011）
　　　　　网　　址：www.petropub.com
　　　　　编辑部：（010）64210387
　　　　　图书营销中心：（010）64523633
经　　销：全国新华书店
印　　刷：北京中石油彩色印刷有限责任公司

2023 年 8 月第 1 版　2024 年 8 月第 2 次印刷
787×1092 毫米　开本：1/16　印张：13
字数：186 千字

定价：110.00 元
（如出现印装质量问题，我社图书营销中心负责调换）

《CCUS-EOR 注采工程技术》
编写组

组　长：潘若生

副组长：马　锋　宋　杨　白相双

成　员：（按姓氏笔画排序）

王　岩　　王　峰　　王　钰　　王百坤　　王涌博

白婷婷　　白金玉娇　乔　方　　任振宇　　刘凤兰

许建国　　李　清　　李永宽　　李金龙　　李维汉

杨振科　　辛涛云　　张　清　　张德平　　范冬艳

周宇驰　　赵明霞　　赵建忠　　侯　兵　　姜保良

祝孝华　　耿笑然　　贾聚全　　高　强　　黄天杰

谢　帅　　路大凯　　魏　微

　　自 1992 年 143 个国家签署《联合国气候变化框架公约》以来，为了减少大气中二氧化碳等温室气体的含量，各国科学家和研究人员就开始积极寻求埋存二氧化碳的途径和技术。近年来，国内外应对气候变化的形势和政策都发生了较大改变，二氧化碳捕集、利用与封存（Carbon Capture, Utilization and Storage, 简称 CCUS）技术呈现出新技术不断涌现、种类持续增多、能耗成本逐步降低、技术含量更高、应用更为广泛的发展趋势和特点，CCUS 技术内涵和外延得到进一步丰富和拓展。

　　2006 年，中国石油天然气集团公司（简称中国石油）与中国科学院、国务院教育部专家一道，发起研讨 CCUS 产业技术的香山科学会议。沈平平教授在会议上做了关于"温室气体地下封存及其在提高石油采收率中的资源化利用"的报告，结合我国国情，提出了发展 CCUS 产业技术的建议，自此中国大规模集中力量的攻关研究拉开序幕。2020 年 9 月，我国提出力争 2030 年前二氧化碳排放达到峰值，努力争取 2060 年前实现碳中和，并将"双碳"目标列为国家战略积极推进。中国石油积极响应，将 CCUS 作为"兜底"技术加快研究实施。根据利用方式的不同，CCUS 中的利用（U）可以分为油气藏利用（CCUS-EOR/EGR）、化工利用、生物利用等方式。其中，二氧化碳捕集、驱油与埋存

（CCUS-EOR）具有大幅度提高石油采收率和埋碳减排的双重效益，是目前最为现实可行、应用规模最大的CCUS技术，其大规模深度碳减排能力已得到实践证明，应用前景广阔。同时通过形成二氧化碳捕集、运输、驱油与埋存产业链和产业集群，将为"增油埋碳"作出更大贡献。

实干兴邦，中国CCUS在行动。近20年，中国石油在CCUS-EOR领域先后牵头组织承担国家重点基础研究发展计划（简称"973计划"）（两期）、国家高技术研究发展计划（简称"863计划"）和国家科技重大专项项目（三期）攻关，在基础理论研究、关键技术攻关、全国主要油气盆地的驱油与碳埋存潜力评价等方面取得了系统的研究成果，发展形成了适合中国地质特点的二氧化碳捕集、埋存及高效利用技术体系，研究给出了驱油与碳埋存的巨大潜力。特别是吉林油田实现了CCUS-EOR全流程一体化技术体系和方法，密闭安全稳定运行十余年，实现了技术引领，取得了显著的经济效益和社会效益，积累了丰富的CCUS-EOR技术矿场应用宝贵经验。2022年，中国石油CCUS项目年注入二氧化碳突破百万吨，年产油量31万吨，累计注入二氧化碳约560万吨，相当于种植5000万棵树的净化效果，或者相当于350万辆经济型小汽车停开一年的减排量。经过长期持续规模化实践，探索催生了一大批CCUS原创技术。根据吉林油田、大庆油田等示范工程结果显示，CCUS-EOR技术可提高油田采收率10%~25%，每注入2~3吨二氧化碳可增产1吨原油，增油与埋存优势显著。中国石油强力推动CCUS-EOR工作进展，预计

2025—2030 年实现年注入二氧化碳规模 500 万~2000 万吨、年产油 150 万~600 万吨；预期 2050—2060 年实现年埋存二氧化碳达到亿吨级规模，将为我国"双碳"目标的实现作出重要贡献。

厚积成典，品味书香正当时。为了更好地系统总结 CCUS 科研和试验成果，推动 CCUS 理论创新和技术发展，中国石油组织实践经验丰富的行业专家撰写了《中国石油二氧化碳捕集、利用与封存（CCUS）技术丛书》。该套丛书包括《石油工业 CCUS 发展概论》《石油行业碳捕集技术》《超临界二氧化碳混相驱油机理》《CCUS-EOR 油藏工程设计技术》《CCUS-EOR 注采工程技术》《CCUS-EOR 地面工程技术》《CCUS-EOR 全过程风险识别与管控》7 个分册。该丛书是中国第一套全技术系列、全方位阐述 CCUS 技术在石油工业应用的技术丛书，是一套建立在扎实实践基础上的富有系统性、可操作性和创新性的丛书，值得从事 CCUS 的技术人员、管理人员和学者学习参考。

我相信，该丛书的出版将有力推动我国 CCUS 技术发展和有效规模应用，为保障国家能源安全和"双碳"目标实现作出应有的贡献。

中国工程院院士 袁士义

宇宙浩瀚无垠，地球生机盎然。地球形成于约46亿年前，而人类诞生于约600万年前。人类文明发展史同时也是一部人类能源利用史。能源作为推动文明发展的基石，在人类文明发展历程中经历薪柴时代、煤炭时代、油气时代、新能源时代，不断发展、不断进步。当前，世界能源格局呈现出"两带三中心"的生产和消费空间分布格局。美国页岩革命和能源独立战略推动全球油气生产趋向西移，并最终形成中东—独联体和美洲两个油气生产带。随着中国、印度等新兴经济体的快速崛起，亚太地区的需求引领世界石油需求增长，全球形成北美、亚太、欧洲三大油气消费中心。

人类活动，改变地球。伴随工业化发展、化石燃料消耗，大气圈中二氧化碳浓度急剧增加。2022年能源相关二氧化碳排放量约占全球二氧化碳排放总量的87%，化石能源燃烧是全球二氧化碳排放的主要来源。以二氧化碳为代表的温室气体过度排放，导致全球平均气温不断升高，引发了诸如冰川消融、海平面上升、海水酸化、生态系统破坏等一系列极端气候事件，对自然生态环境产生重大影响，也对人类经济社会发展构成重大威胁。2020年全球平均气温约15℃，较工业化前期气温（1850—1900年平均值）高出1.2℃。2021年联合国气候变化大会将"到本世纪末控制全球温度升高 1.5℃" 作为确保人类能够在地球上永续生存的目标之一，并全方位努力推动能源体系向化石能源低碳化、无碳化发展。减少大气圈内二氧化碳含量成为碳达峰与碳中和的关键。

气候变化，全球行动。2020 年 9 月 22 日，中国在联合国大会一般性辩论上向全世界宣布，中国将提高国家自主贡献力度，采取更加有力的政策和措施，力争于 2030 年前将二氧化碳排放量达到峰值，努力争取于 2060 年前实现碳中和。中国是全球应对气候变化工作的参与者、贡献者和引领者，推动了《联合国气候变化框架公约》《京都议定书》《巴黎协定》等一系列条约的达成和生效。

守护家园，大国担当。20 世纪 60 年代，中国就在大庆油田探索二氧化碳驱油技术，先后开展了国家 "973 计划" "863 计划" 及国家科技重大专项等科技攻关，建成了吉林油田、长庆油田的二氧化碳驱油与封存示范区。截至 2022 年底，中国累计注入二氧化碳超过 760 万吨，中国石油累计注入超过 560 万吨，占全国 70% 左右。CCUS 试验包括吉林油田、大庆油田、长庆油田和新疆油田等试验区的项目，其中吉林油田现场 CCUS 已连续监测 14 年以上，验证了油藏封存安全性。从衰竭型油藏封存量看，在松辽盆地、渤海湾盆地、鄂尔多斯盆地和准噶尔盆地，通过二氧化碳提高石油采收率技术（CO_2-EOR）可以封存约 51 亿吨二氧化碳；从衰竭型气藏封存量看，在鄂尔多斯盆地、四川盆地、渤海湾盆地和塔里木盆地，利用枯竭气藏可以封存约 153 亿吨二氧化碳，通过二氧化碳提高天然气采收率技术（CO_2-EGR）可以封存约 90 亿吨二氧化碳。

久久为功，众志成典。石油领域多位权威专家分享他们多年从事二氧化碳捕集、利用与封存工作的智慧与经验，通过梳理、总结、凝练，编写出版《中国石油二氧化碳捕集、利用与封存（CCUS）技术丛书》。丛书共有7个分册，包含石油领域二氧化碳捕集、储存、驱油、封存等相关理论与技术、风险识别与管控、政策和发展战略等。该丛书是目前中国第一套全面系统论述CCUS技术的丛书。从字里行间不仅能体会到石油科技创新的重要作用，也反映出石油行业的作为与担当，值得能源行业学习与借鉴。该丛书的出版将对中国实现"双碳"目标起到积极的示范和推动作用。

面向未来，敢为人先。石油行业必将在保障国家能源供给安全、实现碳中和目标、建设"绿色地球"、推动人类社会与自然环境的和谐发展中发挥中流砥柱的作用，持续贡献石油智慧和力量。

中国科学院院士 邹才能

中国于 2020 年 9 月 22 日向世界承诺实现碳达峰碳中和，以助力达成全球气候变化控制目标。控制碳排放、实现碳中和的主要途径包括节约能源、清洁能源开发利用、经济结构转型和碳封存等。作为碳中和技术体系的重要构成，CCUS 技术实现了二氧化碳封存与资源化利用相结合，是符合中国国情的控制温室气体排放的技术途径，被视为碳捕集与封存（Carbon Capture and Storage，简称 CCS）技术的新发展。

驱油类 CCUS 是将二氧化碳捕集后运输到油田，再注入油藏驱油提高采收率，并实现永久碳埋存，常用 CCUS-EOR 表示。由此可见，CCUS-EOR 技术与传统的二氧化碳驱油技术的内涵有所不同，后者可以只包括注入、驱替、采出和处理这几个环节，而前者还包括捕集、运输与封存相关内容。CCUS-EOR 的大规模深度碳减排能力已被实践证明，是目前最为重要的 CCUS 技术方向。中国石油 CCUS-EOR 资源潜力逾 67 亿吨，具备上产千万吨的物质基础，对于 1 亿吨原油长期稳产和大幅度提高采收率有重要意义。多年来，在国家有关部委支持下，中国石油组织实施了一批 CCUS 产业技术研发重大项目，取得了一批重要技术成果，在吉林油田建成了国内首套 CCUS-EOR 全流程一体化密闭系统，安全稳定运行十余年，以"CCUS+ 新能源"实现了油气的绿色负碳开发，积累了丰富的 CCUS-EOR 技术矿场应用宝贵经验。

理论来源于实践，实践推动理论发展。经验新知理论化系统化，关键技术有形化资产化是科技创新和生产经营进步的表现方式和有效路径。中国石油汇聚 CCUS 全产业链理论与技术，出版了《中国石油二氧化碳捕集、利用与封存（CCUS）技术丛书》，丛书包括《石油工业 CCUS 发展概论》《石油行业碳捕集技术》《超临界二氧化碳混相驱油机理》《CCUS-EOR 油藏工程设计技术》《CCUS-EOR 注采工程技术》《CCUS-EOR 地面工程技术》《CCUS-EOR 全过程风险识别与管控》7 个分册，首次对 CCUS-EOR 全流程包括碳捕集、碳输送、碳驱油、碳埋存等各个环节的关键技术、创新技术、实用方法和实践认识等进行了全面总结、详细阐述。

《中国石油二氧化碳捕集、利用与封存（CCUS）技术丛书》于 2021 年底在世纪疫情中启动编撰，丛书编撰办公室组织中国石油油气和新能源分公司、中国石油吉林油田分公司、中国石油勘探开发研究院、中国昆仑工程有限公司、中国寰球工程有限公司和西南石油大学的专家学者，通过线上会议设计图书框架、安排分册作者、部署编写进度；在成稿过程中，多次组织"线上＋线下"会议研讨各分册主体内容，并以函询形式进行专家审稿；2023 年 7 月丛书出版在望时，组织了全体参编单位的线下审稿定稿会。历时两年集结成册，千锤百炼定稿，颇为不易！

本套丛书荣耀入选"十四五"国家重点出版物出版规划，各参编单位和石油工业出版社共同做了大量工作，促成本套丛书出版成为国家级重大出版工程。在此，我谨代表丛书编委会对所有参与丛书编写的作者、审稿专家和对本套丛书出版作出贡献的同志们表示衷心感谢！在丛书编写过程中，还得到袁士义院士、胡文瑞院士、邹才能院士、刘合院士、沈平平教授和赵金洲教授等学者的大力支持，在此表示诚挚的谢意！

CCUS 方兴未艾，产业技术呈现新项目快速增加、新技术持续迭代以及跨行业、跨地区、跨部门联合运行等特点。衷心希望本套丛书能为从事 CCUS 事业的相关人员提供借鉴与帮助，助力鄂尔多斯、准噶尔和松辽三个千万吨级驱油与埋存"超级盆地"建设，推动我国 CCUS 全产业链技术进步，为实现国家"双碳"目标和能源行业战略转型贡献中国石油力量！

徐道伟

2023 年 8 月

CCUS-EOR 是二氧化碳捕集、利用与封存体系中专用于强化采油或提高采收率的技术，包括了碳捕集、输送、驱油与埋存全流程，是实现中国石油"双碳"目标和油田提高采收率的重要技术途径。CCUS-EOR 注采工程技术是研究二氧化碳驱油注入、采油以及埋存环节中井筒工程及措施调控的专项技术，是 CCUS-EOR 注采工程方案编制、矿场实施和生产安全保障的核心技术。CCUS-EOR 注采工程技术包括钻井侵蚀防护技术、注入工艺技术、举升工艺技术、腐蚀防护技术、剖面调整与控制技术、封井工艺技术；中国在二氧化碳驱油安全注入井筒工程和耐二氧化碳腐蚀采油工程两个方向的研究在国际上比较突出，总结 CCUS-EOR 注采工程技术对于推动 CCUS 业务高质量发展具有重要意义。

本书第一章主要介绍了二氧化碳对钻井液的影响与机理、二氧化碳侵入钻井液的防护技术，以及防二氧化碳腐蚀固完井技术，参与编写的有白相双、宋杨、杨振科、贾聚全、谢帅、李维汉、赵建忠、姜保良、侯兵、张清等。第二章主要讲解了二氧化碳驱注入井注入参数优化设计方法，重点介绍了 3 种类型注气工艺管柱设计、完井以及注入井生产管理技术，参与编写的有潘若生、王峰、路大凯、耿笑然、辛涛云、周宇驰、高强等。第三章主要介绍了二氧化碳驱采油井机采参数设计、举升工艺设计以及采油井生产管理技术，参与编写的有周宇驰、祝孝华、潘若生、辛涛云、王钰、白婷婷等。第四章主要介绍了二氧化碳腐蚀机理、腐蚀评价方法、腐蚀防护技术以及腐蚀监测技术，参与编写的有马锋、许建国、路大凯、黄天杰、范冬艳、赵明霞、李永宽、乔方、王百坤、刘凤兰等。第五章简要介绍了二氧化碳驱过程中气体突破识别方法，主要介绍了WAG调控技术和药剂调控技术以及矿场应用情况，参与编写的有潘若生、许建国、张德平、祝孝华、李金龙、任振宇、王涌博、周宇驰、魏微等。第六章简要介绍了二氧化碳驱油与埋存过程中废弃层或废弃井的封井技术路线，主要讲解了封井工艺设计与作业处理程序，参与编写的有辛涛云、潘若生、李清、王岩、高强、白金玉娇等。

本书出版受中国石油天然气集团有限公司资助。在本书编写过程中得到了王毓才、熊春明、汪海阁、毛蕴才、张辉、陈丙春、王鸿伟、马晓红、刘永辉、刘智勇、冯福平等专家的帮助。谨在本书出版之际，向以上专家表示衷心感谢！

由于学识有限，本书中难免有疏漏之处，敬请读者朋友们批评指正。

目 录

第一章　钻井侵蚀防护技术

钻井过程中 CO_2 侵入钻井液时，会使钻井液流变性变差、滤失量失控，严重影响钻井液的性能和钻井施工的进行，给钻井作业造成损失，因此需要对 CO_2 污染机理进行研究，并提出钻井液 CO_2 污染处理策略。针对高含 CO_2 酸性环境固井难点，通过室内研究和现场试验，优选防 CO_2 腐蚀固井材料并形成水泥浆体系，提高水泥石防腐蚀性能，保证固井质量；利用模糊综合评判法建立 CO_2 驱井水泥环密封完整性风险评价模型，确定完整性风险值和风险等级，对水泥浆性能、固井施工参数等进行优化，降低水泥环密封完整性失效风险，保障注采井长期安全生产。

第一节　防二氧化碳侵钻井技术

CO_2 捕集、利用与封存是指将 CO_2 从工业过程、能源利用或大气中分离出来，直接加以利用或注入地层以实现 CO_2 永久减排的过程。而在二氧化碳捕集、利用与封存工作区进行钻井施工时，面临 CO_2 侵入井筒的问题，为保障施工安全、防范钻井事故发生，钻井液 CO_2 污染防控技术尤为关键。

一、二氧化碳的基本特性

CO_2 固、液、气三相点的温度和压力为 216.35K、0.52MPa，临界点对应的温度和压力为 304.13K、7.38MPa。当超过 CO_2 的临界温度和临界压力，CO_2 达到超临界状态；临界区域的温度、压力范围在液态、气态和超临界态转变[1]。

一般根据对比温度 T_r 和对比压力 p_r，将纯组分划分为固态区、液态区、气态区、近临界区、超临界区以及饱和液态区、饱和气态区等相态区域，图 1-1 表示了主要的区域分布。近临界区域的流体表现特征较为明显，近临界态一般指流体的总体温度和压力接近临界点，出现部分区域密度分布不均匀，且存在密度涨落及分层等情况的状态，CO_2 在临界点附近的等密度线出现收敛现象。

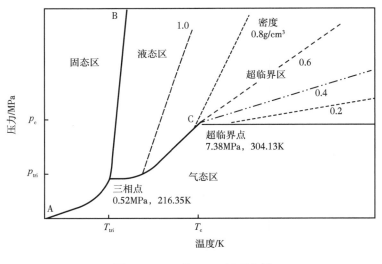

图 1-1　CO_2 的 $T—p$ 关系曲线

1. CO_2 密度变化特点

CO_2 在不同温度下，其密度随压力的变化曲线如图 1-2 至图 1-5 所示。

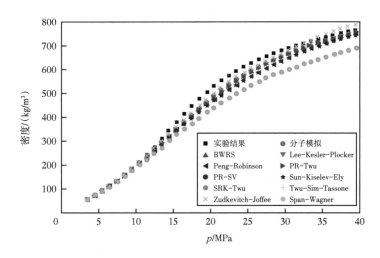

图 1-2　CO_2 密度—压力变化曲线（T=313.15K）

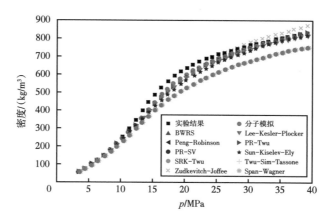

图 1-3　CO_2 密度—压力变化曲线（T=333.15K）

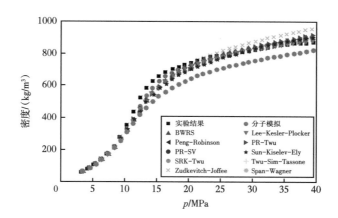

图 1-4　CO_2 密度—压力变化曲线（T=353.15K）

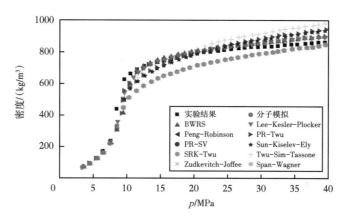

图 1-5　CO_2 密度—压力变化曲线（T=373.15K）

将变化情况划分为三个区间：线性增长区间、快速增长区间、缓慢增长区间。根据密度曲线的增长趋势可以大致确定不同温度的区间范围，见表1-1。

表1-1　CO_2 密度变化情况判分表

密度变化区间	T=313.15K	T=333.15K	T=353.15K	T=373.15K	T=393.15K
线性增长区间	3MPa $< p \leqslant$ 7.38MPa	3MPa $< p \leqslant$ 7.38MPa	3MPa $< p \leqslant$ 7.38MPa	3MPa $< p \leqslant$ 7.38MPa	3MPa $< p \leqslant$ 7.38MPa
快速增长区间	7.38MPa $< p \leqslant$ 12.5MPa	7.38MPa $< p \leqslant$ 19MPa	7.38MPa $< p \leqslant$ 24.5MPa	7.38MPa $< p \leqslant$ 29.5MPa	7.38MPa $< p \leqslant$ 34.5MPa
缓慢增长区间	$p >$ 12.5MPa	$p >$ 19MPa	$p >$ 24.5MPa	$p >$ 29.5MPa	$p >$ 34.5MPa

1）线性增长区间

在线性增长区间，CO_2 密度呈现近似线性增长，各种状态方程的密度计算值与密度测量值基本吻合。

2）快速增长区间

在快速增长区间，CO_2 密度突然迅速增大，各种状态的密度计算值都小于密度测量值，密度计算的误差较大。线性回归描述关系表示为：

$$p_{\max} = 7.38 \times \left(10.596 T / T_c - 9.0816 \right) \tag{1-1}$$

式中　$p_{\max}$——最大压力，MPa；

　　　T——井底温度，K；

　　　T_c——入口温度，K。

3）缓慢增长区间

在缓慢增长区间，CO_2 密度增速变缓，各种状态的密度计算值大于或者出现大于测量值的趋势，密度计算的误差较大，该区间 CO_2 处于超临界状态。

2. 二氧化碳的液相界面

常温常压下，降低温度和增大压力均可将流体由气态转变为液态，但当流体温度和压力都超过某一特定值后，气液相分界消失，流体进入超临界态。图 1-6 给出了实验观察到的 CO_2 从亚临界态到超临界态的转变过程：最初为 CO_2 气液两相共存状态，看到系统内有明显的半月形相界面［图 1-6（a）］；随着温度逐渐升高，半月形相界面开始模糊［图 1-6（b）］；当温度进一步提高至临界点以上，气液相界面消失，CO_2 呈现均相状态，即超临界态［图 1-6（c）］。

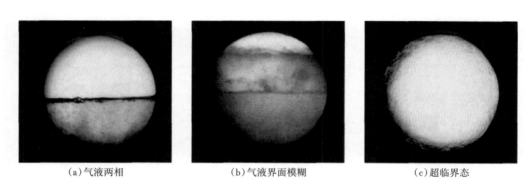

(a)气液两相   (b)气液界面模糊   (c)超临界态

图 1-6   实验观察到的 CO_2 从亚临界态到超临界态

二、二氧化碳对钻井液的影响与机理分析

1. 二氧化碳侵入对钻井施工的危害

CO_2 污染钻井液后，对钻井液的流变性能及滤失性能破坏很大，最容易导致井漏和卡钻。

（1）受 CO_2 污染的钻井液黏度、切力大幅上升，易于造成泵压过高，静切力增大，从而导致下钻激动压力上升，将地层憋漏。如果发生井漏，不仅耽误钻井工期，同时会造成钻井液漏失，对油气储层造成伤害，干扰地质录井工作，还可能导致卡钻、井塌、井喷等各种井下复杂情况和安全事故，甚至井眼报废，造成巨大的经济损失。

（2）钻井作业中发生最多的卡钻是压差卡钻，又称滤饼黏附卡钻。此类卡钻的发生和钻井液的流变性能密切相关。CO_2 污染后，钻井液黏度、切力高，滤饼虚厚，非常容易导致卡钻。一旦油气井发生卡钻，则必须停钻进行处理，不仅耽误工期，增加钻井施工成本，严重时甚至会导致井眼报废。同时废弃的受污染钻井液也会带来巨大的环保压力[2]。

例如：新北××井钻井液受 CO_2 污染后，由于性能急剧恶化，分别排放了全井井浆的一半，并经过两次大型处理才基本维持正常钻进；吉××井因相同原因排放了全井总量 2/3 的钻井液。受 CO_2 污染严重的乾××井钻井液性能被彻底破坏，因未及时采用抗 CO_2 污染的处理措施，超过 $600m^3$ 的钻井液被排放掉。

由于地质条件不同，应用的钻井液体系不同，国外在这方面研究较少，国内目前研究虽然取得了一定的成果，但是现有研究成果无法满足防止钻井液受 CO_2 侵入的要求，需要进一步研究。

2. CO_3^{2-}+HCO_3^- 浓度对钻井液性能的影响

向 5% 的基浆体系中分别加入不同浓度的 Na_2CO_3，模拟 CO_2 侵入，比较不同 CO_3^{2-}+HCO_3^- 浓度下基浆表观黏度、塑性黏度、动切力、静切力变化情况[3-4]，见表 1-2 和图 1-7。

表 1-2　模拟 Na_2CO_3 侵入下的钻井液性能变化情况

Na_2CO_3 加量 /%	HCO_3^- 浓度 /（mg/L）	CO_3^{2-} 浓度 /（mg/L）	CO_3^{2-}+HCO_3^- 浓度 /（mg/L）
0	366	0	366
0.31	366	1320	1686
0.62	244	2880	3124
1.25	1220	5280	6500
1.88	1708	8760	10468
2.50	1586	11040	12626

常温下基浆的表观黏度、塑性黏度随 CO_3^{2-}+HCO_3^- 浓度增加而表现出下降的趋势，但是下降幅度不大。这说明，CO_3^{2-}+HCO_3^- 浓度对钻井液塑性黏度和表观黏度影响不大。

基浆的动切力，随 CO_3^{2-}+HCO_3^- 浓度增加而表现出降低的趋势。但是污染浓度超过一定数值后，反而出现上升的趋势，但上升幅度较小。

初切和终切随 CO_3^{2-}+HCO_3^- 浓度增加表现趋势一致，均表现为先增加后减小的趋势，但波动幅度不大，并且切力也不高，均不高于 10Pa。这说明，常温下 $CO_3^{2-}+HCO_3^-$ 浓度对基浆初终切影响不大。

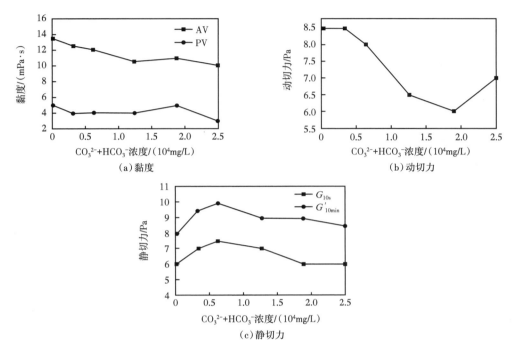

图 1-7　常温下 $CO_3^{2-}+HCO_3^-$ 浓度对钻井液表观黏度、塑性黏度、动切力、静切力的影响

如图 1-8（a）所示，浓度在 10468mg/L 以下，基浆 API 滤失量随 $CO_3^{2-}+HCO_3^-$ 浓度增加表现出略微上升的趋势。10468mg/L 以上，才表现出较大的上升幅度。说明在常温条件下，$CO_3^{2-}+HCO_3^-$ 浓度对基浆滤失量影响不大。只有在高浓度的时候，才表现出对滤失量影响较大。

如图 1-8（b）所示，基浆的 Zeta 电位随 $CO_3^{2-}+HCO_3^-$ 浓度的增加表现出绝对值下降的趋势。但下降趋势不大。$CO_3^{2-}+HCO_3^-$ 浓度在 12626mg/L 以上，基浆的 Zeta 电位绝对值也在 30mV 以上。这说明，此时基浆的分散程度较好。

如图 1-8（c）所示，随着 $CO_3^{2-}+HCO_3^-$ 浓度增加，基浆粒径略微上升，这个趋势同 Zeta 电位略微下降的趋势相对应。表明常温下随 $CO_3^{2-}+HCO_3^-$ 浓度增加，表现出粒径略微上升趋势。但是，上升幅度较小。

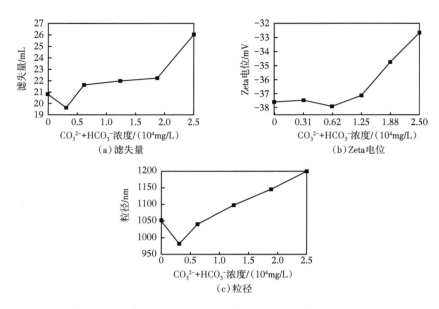

图 1-8　常温下 CO_3^{2-}+HCO_3^- 浓度对钻井液滤失量、Zeta 电位、粒径的影响

当温度达到 70℃ 时，CO_3^{2-}+HCO_3^- 浓度对钻井液表观黏度、塑性黏度、静切力、滤失量、Zeta 电位、粒径等性能影响明显增强，呈现严重污染的情况（图 1-9 和图 1-10）。

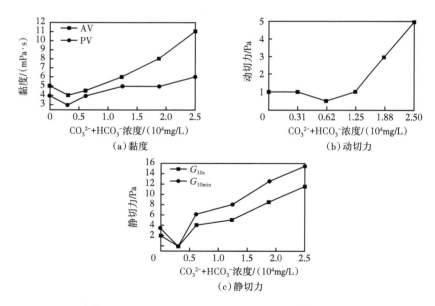

图 1-9　70℃ 下 CO_3^{2-}+HCO_3^- 浓度对钻井液表观黏度、塑性黏度、动切力、静切力的影响

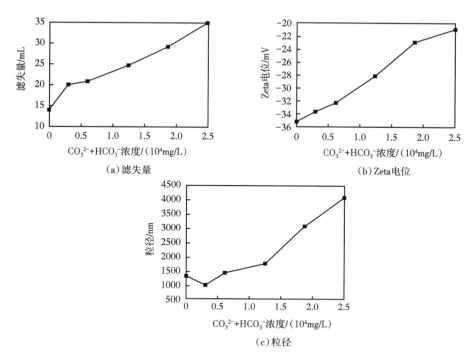

图 1-10　70℃下 CO_3^{2-}+HCO_3^- 浓度对钻井液滤失量、Zeta 电位、粒径的影响

3. 二氧化碳污染钻井液机理

实际钻井施工中，CO_2 侵入形成一般为超临界液态，而后迅速转化为气态到达井口，对钻井液性能均会产生较大影响[5]。

1）pH 值变化影响

CO_2 进入钻井液后，会导致钻井液中原本的 OH^- 浓度下降，钻井液的 pH 值降低。钻井液 pH 值的降低不仅会影响到钻井液的流变性，同时如果 pH 值降低到 8 以下，会导致钻井液中很多只有在碱性条件下才能起作用的处理剂失效，从而导致钻井液性能恶化。

2）盐侵机理

CO_2 侵入钻井液后，HCO_3^-+CO_3^{2-} 浓度增加，使黏土表面双电层被压缩，水化膜变薄，黏土颗粒间絮凝程度加大，导致黏土颗粒及摩擦力增大，从而钻井液黏度、失水等性能发生变化。

3）微泡沫增稠

有学者认为，大量未溶解的 CO_2 气体被包裹在钻井液中，形成细分散的微泡，造成钻井液的黏切升高，流变性恶化，该现象在高密度钻井液中更为明显；当出现严重 CO_2 污染时，未溶解的 CO_2 气体高度分散侵入钻井液，形成细分散微泡引起显著的钻井液流态改变，尤其是超高密度钻井液中固相含量较高时，可能会导致钻井液在短时间内失去流动性。

4）HCO_3^- 使黏土分散

有学者认为，钻井液受 $HCO_3^-+CO_3^{2-}$ 污染实质是黏土分散导致高温增稠，在钻井过程中 CO_2 侵入使得钻井液中 HCO_3^- 浓度上升，HCO_3^- 促进泥岩的水化膨胀，使得钻井液黏度、切力上升，即受污染钻井液中的黏土形成细分散颗粒，钻井液黏度、切力大幅度上升。

5）竞争吸附

CO_2 可以在黏土表面发生吸附，黏土颗粒比表面越大，对 CO_2 的吸附量也越大。研究表明，加入一定量的 CO_2 以后，有少量 CO_2 吸附在钻井液中，由此认为被吸收的 CO_2 可能与处理剂在黏土颗粒表面发生竞争吸附，导致处理剂的吸附量降低，进而造成钻井液中的处理剂失效。

6）在二氧化碳作用下钻井液形成空间架构

对比图 1-11 两个分图可以明显看出，黏土浆在受到 $HCO_3^-+CO_3^{2-}$ 污染以后，形成了疏松多孔的空间网状结构，且这结构是由更小的黏土颗粒（片）聚集而成。由此，可以证实黏土受到 $HCO_3^-+CO_3^{2-}$ 污染实际上是黏土颗粒先充分分散，然后再絮凝聚集形成空间网状结构（凝胶）的过程。

在污染机理的研究上，研究不够深入和全面，还缺乏一个统一的认识。有些机理还存在着较大争议。例如，有学者认为 CO_2 污染是由于 pH 值降低影响黏土分散，同时处理剂失效而导致的，但是在现场很多污染浆在检测的时候，pH 值都较高的情况下也存在严重的污染行为。另外，钻井液受 CO_2 污染是因为 $HCO_3^-+CO_3^{2-}$ 导致黏土分散还是絮凝，目前不同的学者都持有不同的看法。

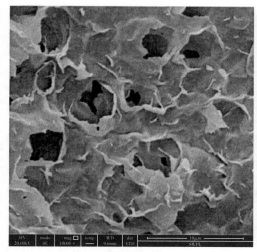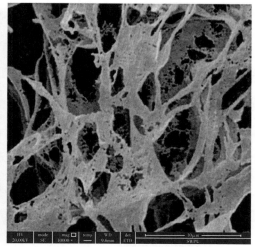

（a）未污染基浆　　　　　　　　　　　（b）受CO₂污染基浆

图 1-11　基浆及其严重 CO_2 污染时在 10000 倍电镜下的成像图

同时，目前很多的污染机理，都只是基于污染表象而提出的假设。而这些假设往往缺乏相应数据的支撑，以及缺少定量的分析和验证。例如，有学者认为 $HCO_3^-+CO_3^{2-}$ 与钻井液中的处理剂产生竞争吸附，但是却没有充分的数据研究报道[6]。

三、二氧化碳侵入的钻井液防护技术

1. 目前常用的二氧化碳污染处理方法

要处理受污染钻井液中的 $HCO_3^-+CO_3^{2-}$，首先是通过化学反应将其除去。其本质就是通过 Ca^{2+} 与 CO_3^{2-} 反应生成沉淀，将 CO_3^{2-} 除去。其中，HCO_3^- 不能被直接去除，可以使 HCO_3^- 和 OH^- 反应生成 CO_3^{2-} 后再除去。然后是恢复钻井液的流变性能。

常见的处理方式如下。

（1）通常 Ca^{2+} 可通过 CaO、Ca（OH）₂、CaSO₄、CaCl₂ 提供，而 CaSO₄、CaCl₂ 对钻井液性能影响较大。但是对深井而言，由于井温高，钻井液密度大，使用 CaO、Ca（OH）₂ 等处理剂对钻井液性能有较大影响，使得处理工作比较复

杂，须谨慎处理。

（2）超细水泥（主要成分为 CaO、SiO_2、Al_2O_3）中的 CaO 可以与钻井液中 HCO_3^-+CO_3^{2-} 反应生成 $CaCO_3$ 沉淀。其特点在于：①超细水泥小颗粒分散在钻井液中，可以在易垮塌地层中微裂缝和较大的孔隙之间起到填充架桥的作用；②由于超细水泥中含有 $SiO_2·Al_2O_3$，随 pH 值的降低，可以在弱碱性环境下形成凝胶或不溶性碳酸盐和硅酸盐沉淀，嵌于地层孔隙和微裂缝中，对泥页岩孔隙和微裂缝起到封堵作用，同时将黏土等矿物颗粒结合成牢固的整体。此外，水泥浆在高温高压的作用下产生固化，既阻止钻井液滤液进一步侵入地层，又阻止地层中的 CO_2 流体进入钻井液。

（3）拓展固相容量。钻井液中黏土含量高于其容量上限，则会出现高温增黏、胶凝，甚至固化；而黏土含量小于其容量下限，则会出现高温降黏、减稠等现象。对钻井液而言，黏土的固相容量上限是非常重要的，温度、密度越高，固相容量上限就越低，黏土在高温下分散越强；而水相抑制性越强，固相容量上限就越高。如果固相容量上限越高，则高温下处理剂抑制黏土水化分散的能力及降黏作用就越强；上限越高，钻井液的容量限就越宽，钻井液的流变性就越容易控制，可通过 K^+、Ca^{2+} 等离子的协同抑制作用或通过其他有机盐类来提高钻井液的水化抑制能力，提高钻井液体系的固相容量限。

2. 二氧化碳污染处理实验

对 HCO_3^- 和 CO_3^{2-} 的处理可采用化学沉淀法。化学反应方程式为：

$$Ca^{2+} + HCO_3^- ══ CaCO_3 + H^+, \quad Ca^{2+} + CO_3^{2-} ══ CaCO_3 \quad (1-2)$$

能够提供 Ca^{2+} 的常用处理剂有：CaO、$CaCl_2$、$Ca(OH)_2$、$CaSO_4·2H_2O$（石膏）。而 $CaCl_2$ 和 $CaSO_4·2H_2O$ 对钻井液性能影响较大，故一般采取加入定量 CaO 或 $Ca(OH)_2$ 的方法来预防 CO_2 及 HCO_3^- 和 CO_3^{2-} 污染钻井液。

CaO 加量对钻井液性能的影响见表 1-3 和图 1-12 至图 1-15。

表 1-3　CaO 加量对钻井液性能的影响

CaO 加量 / %	ρ/ g/cm³	PV/ mPa·s	YP/ Pa	G_{10s}/Pa	G_{10min}/Pa	API$_{FL}$/ mL	HTHP$_{FL}$/ mL	pH 值	Ca²⁺ 浓度 / mg/L
0	1.18	21.3	4.3	2.7	4.2	2.3	10.1	10.0	50
0.2	1.18	21.6	4.4	2.7	4.2	2.3	10.9	10.1	160
0.4	1.19	22.0	4.6	2.8	4.3	2.4	11.5	10.2	240
0.6	1.20	22.4	5.0	2.8	4.4	2.4	12.0	10.2	370
0.8	1.21	22.7	5.1	2.8	4.5	2.5	12.4	10.3	390
1.0	1.21	23.0	5.1	2.9	4.6	2.6	12.6	10.3	410

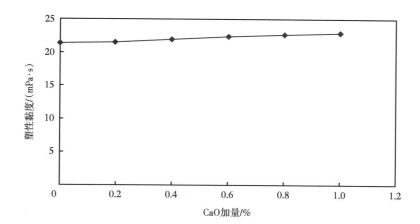

图 1-12　CaO 加量对钻井液塑性黏度的影响

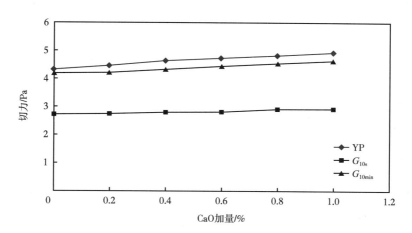

图 1-13　CaO 加量对钻井液切力的影响

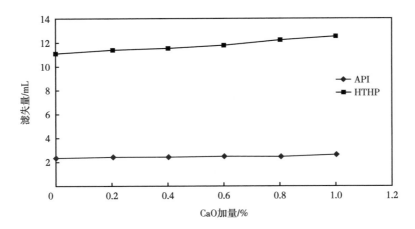

图 1-14　CaO 加量对钻井液滤失量的影响

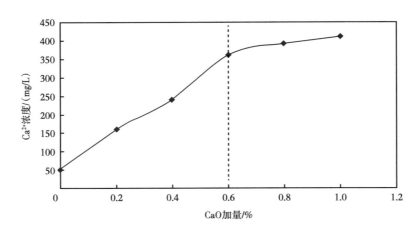

图 1-15　CaO 加量对钻井液中 Ca^{2+} 浓度的影响

　　由上述数据可知，加入 0.2%~1.0% 的 CaO 对钻井液流变性基本没有影响，密度、滤失量稍有增加，当加量超过 0.6% 时，Ca^{2+} 增加速率减慢，因此选择 CaO 的加量为 0.5%~0.6%。

　　随着 CaO 浓度的增加，处理污染后的钻井液的密度基本不变，黏度、切力及滤失量有所下降，pH 值略有上升，当 CaO 浓度超过 0.6% 时流变性基本不变，而且 HCO_3^- 和 CO_3^{2-} 浓度依然很高（表 1-4）。按照理论计算 0.6% 的 CaO 完全可以除掉钻井液中侵入的 CO_2，经查阅资料分析可知，是 pH 值较低的原因所致。所以，可以在钻井液中加入一定量 KOH，以提高钻井液的 pH 值。

表 1-4 CaO 处理 CO_2 污染后的结果

CaO 加量 / %	ρ / g/cm³	PV/ mPa·s	YP/ Pa	G_{10s}/Pa	G_{10min}/Pa	API_{FL}/ mL	HCO_3^-/ mg/L	CO_3^{2-}/ mg/L	pH 值
0	1.17	29	12.5	5.6	10.2	3.6	2410	802	8.8
0.4	1.17	27	11.6	4.9	8.9	3.4	2123	686	9.0
0.6	1.18	26	11.0	4.5	8.6	3.2	1923	602	9.1
0.7	1.19	26	10.8	4.4	8.4	3.2	1902	589	9.2
0.8	1.20	26	10.7	4.4	8.3	3.3	1897	584	9.2

被 CO_2 严重污染的钻井液黏度和切力较大，单独加入 CaO 效果并不理想，黏度和切力减小有限，HCO_3^- 和 CO_3^{2-} 含量略有减小，而同时加入 KOH 和 CaO 效果有显著改善（表 1-5 和图 1-16）[7]。

表 1-5 KOH 加量对钻井液性能的影响

KOH 加量 /%	ρ/（g/cm³）	PV/（mPa·s）	YP/Pa	G_{10s}/Pa	G_{10min}/Pa	API_{FL}/mL	pH 值
0	1.20	22.4	5.0	2.8	4.4	2.4	10.2
0.06	1.20	22.5	5.1	2.8	4.4	2.4	10.4
0.08	1.20	22.6	5.1	2.9	4.5	2.5	10.7
0.10	1.20	22.7	5.2	2.9	4.6	2.5	11.0
0.12	1.21	22.8	5.2	2.9	4.6	2.6	11.3
0.14	1.21	22.9	5.3	3.0	4.7	2.7	11.6

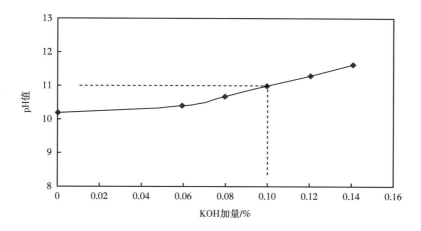

图 1-16 KOH 加量对钻井液中 pH 值的影响

3. 钻井液策略与性能要求

（1）条件许可情况下，适当提高钻井液密度压稳地层流体，隔断污染源。

（2）保持钻井液中适度的黏土含量。

由于钻井液受 $HCO_3^-+CO_3^{2-}$ 污染后，黏度和切力上升的主要原因是黏土颗粒先分散后聚结，然后形成网架结构，那么降低钻井液中的黏土含量，则可以有效减少这种结构的形成。同时，劣质黏土对钻井液的黏度和切力影响也很大，也会导致黏度和切力的上升，应该及时除去。但是，黏土含量过低，则会导致切力过低，使得钻井液失去携砂能力[8]。因此，应将钻井液中黏土含量控制在一定合理的范围内，具体推荐值参见表 1-6。

表 1-6　不同密度钻井液膨润土含量推荐值

密度 / （g/cm³）	1.2	1.4	1.6	1.8	2.0	2.2
亚甲基蓝膨润土含量 / （g/L）	30~50	25~45	20~35	16~30	10~20	< 15

（3）维持钻井液较高的 pH 值和 Ca^{2+} 浓度。

① $Ca(OH)_2$ 应该配制成较稀的石灰水溶液，缓慢均匀加入。

②用 $CaCl_2$ 处理时稀释剂和护胶剂应配成高碱比胶液，以防 pH 值降低。

③用 $CaCl_2$ 和 $Ca(OH)_2$ 交替处理，控制钻井液 pH 值在 9.5 以上。Ca^{2+} 的含量控制在 300~500mg/L 之间。

（4）对钻井液护胶性、流变性、失水造壁性进行维护。

依据区域钻井液技术特点，使用足量抗高温、抗盐、强吸附性处理剂进行维护。

（5）适当使用新浆替代老浆。

在替换新浆时，要注意控制钻井液中黏土的含量。污染严重时可在地面配制部分抗 CO_2 污染能力强、含 Ca^{2+} 浓度高（> 600mg/L）、加足护胶剂、足量的稀释剂的钻井液，对井浆进行部分置换。

第二节　防二氧化碳腐蚀固完井技术

一、油井水泥二氧化碳腐蚀机理及评价方法

油井水泥环的主要作用是支撑和悬挂套管，保护井壁，封堵地层流体，防止层间窜流，并提供一定的碱性环境，以防止套管的腐蚀。因此，要求水泥环抗压强度高、渗透率低、耐久性好。CO_2 作为石油和天然气的伴生气或地层水的组分存在于油气层或地层水中，在适宜的湿度及压力环境条件下会对油井水泥产生腐蚀作用。

1. 油井水泥二氧化碳腐蚀机理

CO_2 溶于水后渗入油井水泥石时，可以与水化产物发生系列化学反应：

$$CO_2 + H_2O \rightleftharpoons H_2CO_3 \rightleftharpoons H^+ + HCO_3^- \qquad (1-3)$$

$$Ca(OH)_2 + H^+ + HCO_3^- \rightleftharpoons CaCO_3 + 2H_2O \qquad (1-4)$$

$$CSH + H^+ + HCO_3^- \rightleftharpoons CaCO_3 + SiO_2(无定形) + H_2O \qquad (1-5)$$

水泥石表面初始碳化后即生成 $CaCO_3$。其钙原子的摩尔体积（$0.0369nm^3$）大于 CSH（$0.0327nm^3$），碳化结果是水泥石的孔隙度降低、抗压强度增大。随着与富含 CO_2 地层水的不断作用，会持续发生下列反应：

$$CO_2 + H_2O + CaCO_3 \rightleftharpoons Ca(HCO_3)_2 \qquad (1-6)$$

$$Ca(HCO_3)_2 + Ca(OH)_2 \rightleftharpoons 2CaCO_3 + 2H_2O \qquad (1-7)$$

即 $CaCO_3$ 在 CO_2 作用下转变为 $Ca(HCO_3)_2$，从而不断消耗水泥石中的 $Ca(OH)_2$，并生成水［式（1-7）］，而水又不断地溶解 $Ca(HCO_3)_2$ 形成淋滤作用，油井水泥石的孔隙度和渗透性增大，水泥石的致密性明显降低，导致抗压强度随之降低。当 $Ca(OH)_2$ 被消耗完之后，CO_2 又与 CSH 反应生成非胶结性的无定型 SiO_2［式（1-5）］，破坏水泥石的整体胶结状态，并使水泥石体系

pH 值降低，为腐蚀性气体继续渗入水泥环提供了便利条件，造成水泥石的进一步腐蚀。

2. 油井水泥二氧化碳腐蚀评价方法

研究防 CO_2 气体腐蚀材料的前提是确定科学的评价方法。目前用于评价防 CO_2 气体腐蚀固井材料性能的方法和技术参数是参考其他研究领域，如建筑材料和金属材料等防腐研究领域，评价方法和技术参数主要有质量法、碳化深度、缓蚀系数、渗透率和孔结构[9]。由于目前对固井用防 CO_2 气体腐蚀材料的研究相对较少，所以相关的评价方法较单一，且不规范、不统一。如哈里伯顿用质量损失评价水泥石的防腐性能，斯伦贝谢用抗压强度评价水泥石的防腐性能，都不能完全正确评价材料的防腐性能。

1）质量法

质量法主要通过比较腐蚀前后试样的质量，评价材料抗腐蚀性能。由于 CO_2 气体腐蚀使水泥石结构变疏松，部分水化产物会脱离水泥石整体，从而水泥石质量减少；但并不是所有被腐蚀的水化产物均会脱离水泥石整体，有些水化产物经腐蚀后仍与水泥石相连，所以质量法不能完全反映水泥石被腐蚀程度。

2）碳化深度

常用的评定建筑混凝土碳化深度的评价方法主要有：酸碱指示剂呈色法、热分析法和显微分析法等。项目根据使用条件、精度要求和环境来正确选择油井水泥石碳化深度的评价方法。从经济性、科学性角度出发，选择以酸碱指示剂呈色法为主，显微分析法为辅的碳化深度评价方法。水泥石各水化产物稳定存在的 pH 值应该为 11 左右，当水泥石遭受 CO_2 气体腐蚀后表面生成 $CaCO_3$，腐蚀产物 $CaCO_3$ 的 pH 值为 7.5~9.0。虽然酸碱指示剂种类较多，但变色 pH 值范围不一样，如甲基橙的变色 pH 值范围是（红）3.1~4.4（橙黄）、酚酞的变色 pH 值范围是（无色）8.2~10.0（紫红）、茜素黄 R 试剂变色 pH 值范围是（黄）10.1~12.1（淡紫色）。为了能清楚地表征碳化深度，所选择的酸碱指示剂必须在碱性范围内变色灵敏，故确定酚酞和茜素黄 R 试剂作为指示剂。

3）抗压强度和缓蚀系数

抗压强度是指水泥石所能承受的最大轴向破坏压力。缓蚀系数是指腐蚀一定龄期后水泥石强度与腐蚀前强度之比。CO_2 气体与水泥石中熟料矿物的水化产物反应，生成非胶凝性产物，降低水泥石的抗压强度和缓蚀系数。CO_2 气体对水泥石的腐蚀程度与气体浓度（或分压）和腐蚀时间密切相关，一般气体浓度（或分压）较低和腐蚀时间较短，其腐蚀程度较低，水泥石只有表面受到碳化，内部结构仍较致密，所以抗压强度很难有显著变化；随着腐蚀程度加深，水泥石内部受到碳化，抗压强度显著降低；所以抗压强度和缓蚀系数比较适用于评价水泥石腐蚀程度较高时材料的防腐性能。

4）渗透率和孔结构

渗透率是指单位时间内流体通过材料的流量；孔结构是表征水泥石连通孔数量的参数。由于在腐蚀前期 CO_2 气体与 $Ca(OH)_2$ 反应产生 $CaCO_3$，填充水泥石自身孔隙，所以渗透率和总孔隙率变小；随着腐蚀不断进行，水泥石内部结构变得疏松，渗透率、总孔隙率变大；故渗透率和孔结构比较适用于评价水泥石腐蚀程度较低的情形，腐蚀程度较高时只能作为辅助评价手段。

根据对上述评价方法的分析，结合实际情况，在腐蚀程度较低时，选择碳化深度作为主要评价手段，渗透率、孔结构和抗压强度为辅助评价手段；在腐蚀程度较高时，选择碳化深度作为辅助评价手段，渗透率、孔结构和抗压强度作为主要评价手段。多种评价手段结合使用，综合分析材料防 CO_2 腐蚀性能。

二、防二氧化碳腐蚀套管柱选材方法

传统油套管选材方法会造成不必要的成本浪费。在 De Waard 预测腐蚀模型的基础上，提出了一种新的套管选材方法[10]。在均匀腐蚀环境下，计算不同材质的腐蚀速率，进而转化为长期的腐蚀速率，再根据套管的强度要求，计算出套管最大允许磨损量，最终确定套管选择材质。其具体选材步骤如下。

（1）首先计算井中 CO_2 的分压。在气井中的 CO_2 分压等于气体的压缩因子（Z）

与体系压力（p）以及 CO_2 的摩尔分数（n）的乘积，即 $p_{CO_2}=Zpn$。油井中的 CO_2 分压等于井底流压（p）乘以 CO_2 的摩尔分数（n），即 $p_{CO_2}=pn$。

（2）根据 CO_2 的分压计算 pH 值，其计算公式如下：

$$pH_{CO_2} = 3.82 + 0.00384t - 0.5\lg p_{CO_2} \qquad （1-8）$$

式中　t——腐蚀时间，d。

（3）以 3Cr 钢为例，计算短期腐蚀速率，并转化为长期腐蚀速率。存在 CO_2 条件下短期（7d）腐蚀速率计算公式为：

$$\lg CR = -9.0949 - 3872.8/T - 2.8146\lg p_{CO_2} + 6.9479\left(7 - pH_{CO_2}\right) \qquad （1-9）$$

式中　CR——短期腐蚀速率，mm/a；

　　　T——热力学温度，K；

　　　p_{CO_2}——CO_2 分压，MPa；

　　　pH_{CO_2}——CO_2 分压条件下的 pH 值。

计算得出短期的腐蚀速率后，根据 De Warrd 计算模型转化为长期腐蚀速率，其中 3Cr 钢的长期腐蚀计算公式为：

$$CR_{year} = 9.0163t^{-0.7824} \qquad （1-10）$$

式中　CR_{year}——长期腐蚀速率，mm/a；

　　　t——腐蚀时间，d。

根据以上方法可以计算不同材质的腐蚀速率。不同材质的计算模型不同。

（4）根据套管的强度要求，计算套管在各种工况下的最大允许磨损量。

（5）根据之前的计算值，计算套管的预测使用寿命。套管使用寿命 = 最大允许磨损量 / 长期平均腐蚀速率。如果套管使用寿命小于生产年限，则不满足开发要求；如果套管使用寿命不小于生产年限，则满足开发要求。

经济分析与腐蚀监测方法结合，如下所示。

防腐效果："普通碳钢 + 缓蚀剂" ≈ 合金钢。

成本核算："普通碳钢 + 缓蚀剂" ＜ 合金钢。

使用寿命："普通碳钢＋缓蚀剂"≈合金钢。

根据 CO_2 腐蚀与防护研究成果及吉林油田黑 59、黑 79 区块现场应用效果，采取"普通碳钢＋缓蚀剂"的 CO_2 防腐技术路线，因此对套管选择做以下要求。

注气井：油层以上 30m 使用 P110（13Cr）ϕ139.7mm×9.17mm 套管。

采油井：1800m 至井底选用 P110ϕ139.7mm×9.17mm 套管，上部采用 N80ϕ139.7mm×7.72mm 套管。

三、防二氧化碳腐蚀水泥浆优化技术

1. 防二氧化碳腐蚀水泥浆设计思路

1）人工干涉热力学反应

因为吉布斯自由能（ΔG_T^0）越低，腐蚀反应越剧烈，其反应物越容易被腐蚀；可以尝试通过添加化学合成剂的方式，减少低 ΔG_T^0 的水化产物的含量，增加高 ΔG_T^0 的水化产物的含量，以提高水泥石的抗腐蚀性。硅酸盐水泥浆体系本身性质决定了它不可能不受到酸性介质的腐蚀，可以在水泥浆体系中加入微硅等硅类外掺剂，降低水泥石的钙硅比，降低水泥石碱性。

2）改善水泥石微观结构

孔结构是水泥石微观结构的重要组成之一。水泥石的腐蚀与它本身的孔隙结构和孔隙率密切相关。孔隙结构决定了水泥石的渗透率大小，进一步决定了腐蚀介质向水泥石内部侵入的速率。改善水泥石的微观结构可以从降低孔隙率和渗透率入手。一般可以采取以下措施。

（1）采用紧密堆积理论优化水泥与填充材料之间的粒度分布，以求水泥石得到更好的孔隙分布，减小孔隙率，降低渗透率。

（2）加深水泥水化程度。研究认为：相同水灰比的情况下，随着水泥水化进程的加深，总孔隙率减小，毛细孔隙率减小，凝胶孔隙率增大。可以通过几个途径加深水泥水化程度：①采用粒径更小的水泥作为原料，水泥水化过程更充分；②在保证水泥浆性能要求和安全施工的前提下，适当降低水灰比，可以提高水泥浆密度，改善水泥水化后的微观结构，降低初始孔隙率和渗透率。

3）研发新型防腐剂

研发一种水溶性聚合物，在水泥石水化过程中，充填于水泥石孔隙内部，形成膜状结构，此物质要有很好的致密性，不溶于水，耐高温，耐酸性腐蚀。这种致密膜状物质可以把水泥石表层很好地保护起来，封隔酸性介质，阻止酸性介质向水泥石内部渗透，有效提高水泥石的防腐蚀能力。

4）研发新型防腐水泥浆体系

开发新型水泥浆体系也是防腐的一个好方法。例如，哈里伯顿研究了一种抗 CO_2 腐蚀水泥浆体系，其主要用料并不是硅酸盐水泥材料，而是一种特殊的磷酸钙水泥。其中不含氢氧化钙和水化硅酸钙，从根本上消除了被 CO_2 腐蚀的介质，具有良好的抗 CO_2 腐蚀性能。适用于 60~370℃，但是该体系不适用于传统的外加剂，需研发配套外加剂。这种体系适用条件限制较多，需要研发一整套的外加剂，其成本远高于常规硅酸盐水泥浆体系。虽然这种新型水泥浆体系具有很好的防腐效果，但面临的成本等问题也不可忽视。

2. 固井抗二氧化碳腐蚀基础材料的优选

对于抗 CO_2 腐蚀材料来说，筛选性能优良的抗腐蚀外掺料至为关键。在 95℃ 条件下通过评价不同材料的长期（0~360d）抗 CO_2 腐蚀性能（包括水泥石的抗压强度、渗透率、孔结构参数和碳化程度等），选择抗 CO_2 腐蚀性能优异的相关材料和油井水泥外加剂作为抗 CO_2 腐蚀多功能水泥浆体系（配方见表1-7）的基础组成。将所选定的各种材料及外加剂复配，制备多功能抗 CO_2 腐蚀水泥浆体系，并考察其抗 CO_2 腐蚀特性和水泥浆综合工程性能。

表1-7　抗 CO_2 腐蚀材料优选实验配方

配方	主要组成
1[#]	G级嘉华
2[#]	G级嘉华 +4%MK+0.3% 减阻剂
3[#]	G级嘉华 +4%GH +0.3% 减阻剂
4[#]	G级嘉华 +6%SM +0.3% 减阻剂
5[#]	G级嘉华 +20%F11F+2.5% 降滤失剂 +0.5% 减阻剂
6[#]	G级嘉华 +2.5% 降滤失剂 +0.5% 减阻剂
7[#]	G级嘉华 +2.5% 晶体膨胀材料 +0.3% 减阻剂

1）水泥石缓蚀指数（率）

水泥石的缓蚀指数越大，其抗 CO_2 腐蚀性能越好。不同抗 CO_2 腐蚀材料的缓蚀指数见表 1-8。

表 1-8 CO_2 腐蚀后水泥石缓蚀指数不同龄期变化情况（95℃）

配方	不同龄期缓蚀指数			
	28d	90d	180d	360d
1#	1.00	0.92	0.89	0.56
2#	1.04	0.79	1.21	0.76
3#	1.03	1.22	0.96	0.82
4#	1.26	1.04	0.76	1.00
5#	1.36	1.49	1.91	1.11
6#	0.76	0.66	0.80	0.45
7#	0.94	1.17	0.95	0.49

从表 1-8 可以看出，就单一抗腐蚀材料，在 CO_2 腐蚀环境中，MK、GH 和 SM 都可改善油井水泥石的抗 CO_2 腐蚀能力：MK 可提高水泥石短期 CO_2 抗腐蚀能力，但长期抗腐蚀效果不佳，甚至低于净浆水泥石；GH 可以提高水泥石 CO_2 抗腐蚀能力，但是随着腐蚀时间延长，抗腐蚀能力下降；SM 不仅能提高水泥石抗 CO_2 腐蚀性能，而且其抗腐蚀作业不随腐蚀龄期的延长而降低；复合抗腐蚀材料 F11F 可明显提高水泥石抗腐蚀效果，而且抗腐蚀耐久性好、效果显著。

2）水泥石碳化深度

水泥基材料的碳化深度可直观反映其遭受 CO_2 腐蚀的程度，水泥石的腐蚀程度与腐蚀时间有关，通常随着腐蚀时间的延长，碳化深度增大。95℃ 下掺有不同抗 CO_2 腐蚀材料的水泥石在整个腐蚀评价期间（28~360d）碳化深度变化见表 1-9。

表 1-9　CO_2 腐蚀后不同龄期水泥石的碳化深度

配方	不同龄期的碳化深度 /mm			
	28d	90d	180d	360d
1#	2.16	2.76	3.14	5.39
2#	1.74	1.98	3.84	4.24
3#	1.58	2.50	2.56	2.98
4#	0	0	0	0
5#	1.16	0	0	0
6#	2.58	3.08	4.72	5.50
7#	1.70	1.94	2.22	2.48

从表 1-9 可以看出，CO_2 腐蚀 360d 时，净浆水泥石（1#）的碳化程度仍然呈增大趋势，而 4# 和 5# 配方的碳化深度仍然保持为零，显示出优异的抗 CO_2 腐蚀耐久性。其他配方的水泥石则随碳化时间的延长，整体碳化深度增加，腐蚀程度加重。

3）水泥石的渗透率

一般地，固体材料基体的渗透率越大，表明其致密性越差，遭受 CO_2 腐蚀程度也就越大。表 1-10 为掺有不同抗腐蚀材料的水泥石经 CO_2 腐蚀后不同龄期的水测渗透率（实验驱替压力为 7.0MPa，围压 10MPa）。

表 1-10　不同配方水泥石经 CO_2 腐蚀后渗透率变化

配方	不同龄期的水测渗透率 /mD				
	初始值	28d	90d	180d	360d
1#	1.090	1.270	1.682	1.469	1.240
2#	0	0	0	0.398	0
3#	2.470	0.191	0.349	0.342	—
4#	0	1.070	0	0.403	0
5#	0	0	0	0.334	0
6#	0	0.090	0	0.876	0
7#	0	0.157	0	0.561	0

由表 1-10 发现，碳化 28d 后，3# 配方水泥石的渗透率有所降低，1#、4#、6# 和 7# 配方的渗透率有所升高，2# 和 5# 配方渗透率仍然为零。碳化 90d 后，1# 和 3# 配方的渗透率仍然较高，而 2#、4#、5#、6#、7# 配方的渗透率均变为为零。

碳化 180d 后，除 1# 和 3# 配方的渗透率较 90d 有所降低外，其他配方水泥石的渗透率均有较大幅度增大。碳化 360d 后，除净浆水泥石的渗透率较大外，其他配方水泥石的渗透率均为零。

4）水泥水化产物与腐蚀产物分析

对不同腐蚀龄期水泥石的腐蚀层和未腐蚀层进行 X 射线衍射分析，有助于了解抗 CO_2 腐蚀材料的作用机制，以便于指导抗 CO_2 腐蚀实用水泥浆体系设计与现场应用。图 1-17 为 1# 和 5# 配方水泥石的外层腐蚀产物及 7# 配方内部水化产物（95℃）。

在 95℃ 条件下，加入各种外加剂和复合外掺料（F11F）的 5# 配方水泥石其腐蚀产物与 1# 配方最主要的差别是水化硅酸钙 CSH 的残留和较少的 $CaAl_2SiO_8 \cdot 4H_2O$，这主要是因为抗 CO_2 腐蚀复合材料抑制了 CSH 的腐蚀；7# 配方是只加晶体膨胀剂和减阻剂的对比样，与 1# 配方基体内部的衍射图谱相比几乎没有差异，说明在非受限条件下晶体膨胀剂对最终水化产物和耐腐蚀性没有显著影响，这从另一角度说明了掺入 F11F 的确能提高水泥浆体系的抗 CO_2 腐蚀性。

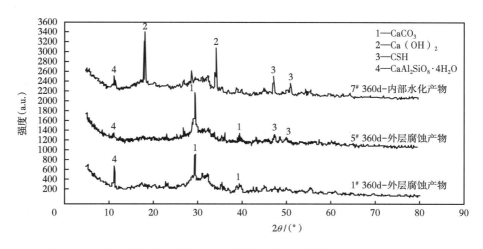

图 1-17　1# 和 5# 配方水泥石的外层腐蚀产物及 7# 配方内部水化产物（95℃）

在 95℃、p_{CO_2}=2.0MPa 条件下，综合考察了不同抗 CO_2 腐蚀材料经腐蚀 28~360d 后的各项性能，开发出了针对油井水泥的抗 CO_2 腐蚀基础材料 F11F。

使用该材料后的水泥石在 360d 龄期内的碳化深度为零，缓蚀指数平均值为 1.44，内部结构致密，抗腐蚀性能优异。

3. 抗 CO_2 腐蚀高温水泥浆体系研究

将吉林油田目前应用效果最好的常规高温防窜水泥浆体系（由高温缓凝剂 + 高温降滤失剂 + 减阻剂组成）与所选定的高温抗 CO_2 腐蚀材料 F11F 进行复配，形成了抗 CO_2 腐蚀高温水泥浆体系。

该体系水泥浆配方：G 级嘉华 + 石英砂 +F11F 防腐材料 + 分散剂 + 高温缓凝剂 + 高温降失水剂，其基本工程性能见表 1-11。

表 1-11　抗 CO_2 腐蚀高温水泥浆体系基本工程性能

实验项目	性能	备注（实验条件）
密度 /（g/cm³）	1.86	室温
流动度 /cm	22	室温
初始稠度 /Bc	14~15	150℃
100Bc 稠化时间 /min	231~298	115℃/55MPa
自由水 /%	0.5	93℃
滤失量 /mL	36	93℃/6.9MPa
沉降密度差 /（g/cm³）	0.02	93℃
3d 抗压强度 /MPa	40	150℃/55MPa
2d 线膨胀率 /%	0.08	150℃/55MPa
静胶凝强度时间 /min	16	145℃/21MPa

从表 1-11 可以看出，在 150℃ 条件下，抗 CO_2 腐蚀高温水泥浆体系的综合工程性能和硬化体（水泥石）抗腐蚀性能优异，具有微膨胀、低滤失、低渗透、短过渡和高强度等抗蚀防窜特点，可以有效保证高温水泥浆在富含 CO_2 气层的密封性能，抗蚀防窜效果达到了预定技术目标。

四、保障井筒密封完整性技术

1. 保障井筒完整性技术措施

1）保障管柱完整性措施

（1）加强对套管螺纹密封面的保护。管柱接头的密封性能是通过密封面来保证的，因此应在套管运输、装卸、丈量和清洗等操作过程中保护好套管密封面。

（2）认真清洗套管螺纹，按要求涂抹合格的套管螺纹油。

（3）采用扭矩控制的液压套管钳进行作业，准确读取最大扭矩值、旋转圈数、时间。

（4）采用套管生产厂家推荐的上扣扭矩与上扣方法连接好每根套管。由于特殊螺纹接头具有扭矩台肩的结构，在上扣的过程中必须要出现拐点，确保上扣到位，而且拐点和最终扭矩大小要在厂家规定的范围之内。

（5）套管螺纹气密封检测。由于现场检测手段有限，对送井套管的检验仅限于套管钢级、壁厚、内径、外径、通径、长度及外观明显损伤等，对一些隐蔽性的套管螺纹损伤情况不能进行有效判别。为了避免将达不到密封性要求的套管下入井内，推荐在下套管过程中，对套管螺纹进行气密封性检测，确保整个生产套管柱的完整性。

气密封氦气检测工艺原理：氦气分子直径小，易于沿微细间隙通道渗透，能及时对泄漏预报。如图1-18所示，在钻井作业井平台上，2根套管完成螺纹连接后，双封检测工具在管体内螺纹上下定位、坐封建立密封空间，往其中注入高压氦气，在螺纹外用高灵敏度探测仪探头检测，若氦气泄漏引起报警，就说明螺纹密封性不合格。

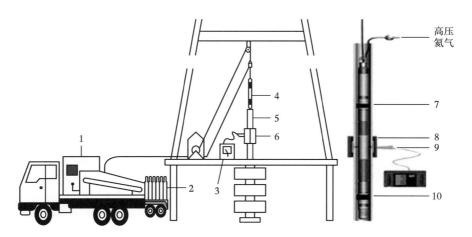

图1-18　气密封氦气检测示意图

1—动力设备；2—气瓶；3—氦气检测仪；4—检测工具；5—套管；6—集气套；
7—上封隔器；8—外护套；9—检测探头；10—下封隔器

2）保障水泥环完整性技术措施

（1）提高地层承压能力。

合理选配不同粒径的桥塞粒子以及不同尺寸的片状、纤维状堵漏材料，在漏失地层全井段注入堵漏浆后井口憋压，使级配粒子封堵砂岩孔隙或进入裂缝形成桥塞，再用外滤饼加以保护即可以达到堵漏堵水的目的。

试验表明，不同堵漏材料，桥塞后的承压能力明显不同。复合型的堵漏材料，由于纤维和颗粒同时存在，颗粒形状多种多样，粒度范围较宽，因而封堵效果较好。

（2）低密度水泥浆技术。

低密度水泥浆主要用于存在低漏失压力地层时的固井，常作为领浆封固上部地层。通过在水泥灰中加入减轻剂和填充剂，优化水灰比开发而成。普遍应用的减轻剂和填充剂有漂珠、微硅、膨润土、粉煤灰、惰性气体等。多压力体系共存时，低密度水泥浆密度设计不仅需满足易漏层防漏，还需兼顾高压层的压稳防窜。

（3）水泥浆体系优选与优化设计。

优质材料体系与合理施工工艺措施对保证注水泥质量具有同等重要的作用。在确定适用水泥浆体系的过程中，主要采取以下步骤：根据地层特性，提出相应水泥浆设计准则；实测井温分布及钻井液入口、出口循环温度，并根据季节温差、套管尺寸、施工排量修正 API 规范稠化模拟方案（循环温度，升温速率）；选择多种水泥浆体系进行施工效果检验，用测井结果、工况适应性、试采与增产效果、成本计算进行综合评价；优选适应能力强、可靠性高、综合成本低的体系为主体系；确定满足注水泥工艺要求的领浆、尾浆性能设计要求。

（4）平衡压力固井设计技术。

平衡压力固井意即注水泥过程中不发生漏失，水泥浆候凝过程中不发生窜流。需要从动态和静态两个方面进行设计。

①动态平衡压力固井设计。

平衡压力固井技术的核心是"高效顶替、整体压力平衡"，就是在保证高效顶替和尽量减少对储层伤害的前提下，使整个注、替水泥浆过程中，井下不同深度固井流体所形成的环空总液柱压力小于相应深度地层的破裂压力。而且当水泥浆被顶替到设计的环空井段后，在水泥浆凝固阶段，仍能保持环空液柱压力大于地层压力，防止地层油、气、水的互窜。平衡压力固井技术通过有效的压差控制技术和固井流体设计，在提高顶替效率的同时，防止固井中漏失和气窜的发生，获得理想的固井质量，从而实现对产层的最好保护。

平衡压力固井的关键是合理设计施工压力、固井液密度、施工排量以及环空浆体结构性能。（a）环空压力设计：根据该井在钻井施工、地层漏失时和发生油气侵入时钻井液的密度，结合漏失层井深位置和油气侵入位置以及固井质量要求的水泥浆返高，合理设计环空液柱当量密度。（b）固井液密度设计：水泥浆不仅要满足性能的要求，还要达到平衡压力固井的要求，在顶替过程中固井液之间还需要保持一定的密度差，因此，需要多方面考虑进行固井液密度设计。（c）施工排量设计：固井液排量设计基于流体的流变性，保证在固井施工过程中的压力平衡，同时还应达到对钻井液的有效驱替。在窄密度窗口固井中使用较多的是紊流—塞流变排量的复合顶替技术。采用紊流顶替有利于提高顶替效率，保证固井质量；塞流顶替环空摩阻非常小，可减小漏失发生的危险，同时塞流顶替可以保证水泥浆处于流动状态，传递环空液柱压力压稳气层，且在顶替结束后，水泥浆可以迅速胶凝，防止环空气窜的发生。

②静态平衡压力固井设计。

实验证明水泥浆有效压力降至静水压力的时间范围在 0.5~0.6 倍初凝时间前后。因此在进行双凝或多凝水泥浆设计时，应根据这一特点保持相邻两段水泥浆初凝时间符合以下关系：

$$t_s（缓凝）> 1.67t_s（快凝）$$

这样，当快凝水泥浆初凝时，缓凝水泥浆还保持大于静水压力的有效压力，加上快凝水泥内部阻力的快速增长，能有效防止油气水窜。这一设计方法应用于天然气井水泥浆设计中，取得了良好效果。

③提高顶替效率设计。

影响水泥环封固质量的首要因素是顶替效率，没有良好的顶替效率，其他任何措施都不会对固井质量起到有效作用。顶替效率是固井施工过程中最难控制的因素，受到井眼条件、套管居中度、水泥浆性能、钻井液性能、浆体结构设计、施工参数、接触时间等多方面因素的影响。提高顶替效率的技术措施主要包括扶正器的安放、活动套管、使用滤饼刷等，以及利用壁面剪切应力提高顶替效率。

2.CO_2 驱井水泥环完整性评判系统研发

1）CO_2 驱井水泥环密封完整性影响因素分析及评价指标体系建立

（1）评价指标选取。

根据吉林油田实际钻完井数据统计分析、文献调研和专家咨询结果[11-13]，为便于进行 CO_2 驱井水泥环完整性模糊综合评价，把 CO_2 驱注采井水泥环密封完整性评价分为固井质量、抗温压动态变化能力及环境腐蚀强度三大单元，建立水泥环密封完整性模糊综合评价指标体系，如图 1-19 所示。

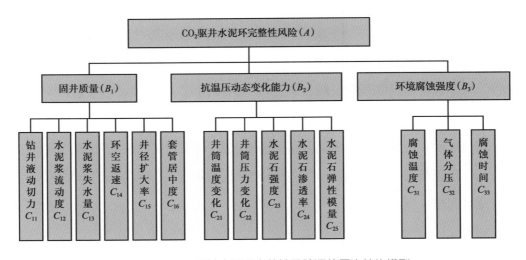

图 1-19　CO_2 驱井水泥环完整性风险评价层次结构模型

图 1-19 中目标层 CO_2 驱井水泥环密封完整性分解成项目层中的 3 个评判项目，即 $A=\{B_1, B_2, B_3\}$，然后建立各项目层下的指标体系，如 $B_1=\{C_{11}, C_{12}, C_{13}, C_{14}, C_{15}, C_{16}\}$。

（2）评价集及其各层评价矩阵的建立。

按照模糊数学理论，5 级制能对被评价事物做出较准确的描述。本节将水泥环密封完整性分为"严重""注意""合格""良好""优秀"这 5 级，评价集指标如下。

$$L = \{严重，注意，合格，良好，优秀\} = \{l_1, l_2, l_3, l_4, l_5\} \quad (1-11)$$

用第 i 个项目层的第 j 个评判指标 C_{ij} 对水泥环完整性状态进行评估，评价集中的状态 l_{1j}，l_{2j}，l_{3j}，l_{4j}，l_{5j} 的隶属度分别为 v_{j1}，v_{j2}，v_{j3}，v_{j4}，v_{j5}，则可用隶属度集：

$$V_{C_{ij}} = \begin{bmatrix} v_{j1} & v_{j2} & v_{j3} & v_{j4} & v_{j5} \end{bmatrix} \quad (1-12)$$

$V_{C_{ij}}$ 表示对指标 C_{ij} 进行评估的结果，其中，$0 \leqslant v_{j(1\sim5)} \leqslant 1$。于是，该子项目层的所有评判指标就构成了其评价矩阵。如以项目层中固井质量因素 B_1 为例，其评价矩阵为：

$$V_{B_1} = \begin{bmatrix} V_{C_{11}} \\ V_{C_{12}} \\ V_{C_{13}} \\ V_{C_{14}} \\ V_{C_{15}} \\ V_{C_{16}} \end{bmatrix} = \begin{bmatrix} v_{11} & v_{12} & \cdots & v_{15} \\ v_{21} & v_{22} & \cdots & v_{25} \\ \vdots & \vdots & \ddots & \vdots \\ v_{61} & v_{62} & \cdots & v_{65} \end{bmatrix} \quad (1-13)$$

（3）评价指标权重的确定。

本节利用层次分析法确定指标权重，层次分析法是一种定性和定量相结合的决策方法，将与决策有关的元素分解成目标层、准则层、方案层等，构建层次结构模型。本节目标层为水泥环完整性风险，准则层为影响水泥环完整性的固井质量、抗温压动态变化能力及环境腐蚀强度；方案层为钻井液动切力、井筒温度变化、腐蚀温度等 14 种水泥环完整性影响因素。

在建立层次结构模型基础上，通过两两比较来确定评价因素间对总体目标的影响大小之比，并采用标度进行赋值，具体含义见表 1-12，全部比较结果形成判断矩阵。对判断矩阵进行求解，可获得各评价指标的相对权重。

表 1-12　层次结构模型各标度的含义

标度	含义	说明
1	同等重要	元素 i 与元素 j 同等重要
3	稍微重要	元素 i 比元素 j 稍微重要
5	明显重要	元素 i 比元素 j 明显重要
7	强烈重要	元素 i 比元素 j 强烈重要
9	极端重要	元素 i 比元素 j 极端重要
2，4，6，8	相邻判断的折中	上述相邻判断的中间值
上述倒数	反比较	若元素 i 与元素 j 的重要性之比为 m_{ij}，那么元素 j 与元素 i 的重要性之比为 $m_{ji}=1/m_{ij}$

按照已建立的 CO_2 驱注入井井筒完整性层次结构模型，根据数据统计分析、文献调研和专家咨询结果，构建各层次的判断矩阵，见表 1-13 至表 1-16。

表 1-13　CO_2 驱井水泥环完整性影响因素重要性判断矩阵

O	C_1	C_2	C_3
C_1	1.0	1.0	2.0
C_2	1.0	1.0	2.0
C_3	0.5	0.5	1.0

表 1-14　固井质量评价单元重要性判断矩阵

C_1	P_1	P_2	P_3	P_4	P_5	P_6
P_1	1	1	4	1	2	1
P_2	1	1	3	1	2	1/2
P_3	1/4	1/3	1	1/3	1/2	1/5
P_4	1	1	3	1	2	1/2
P_5	1/2	1/2	2	1/2	1	1/3
P_6	1	2	5	2	3	1

表 1-15　抗温压变化能力评价单元重要性判断矩阵

C_2	P_7	P_8	P_9	P_{10}	P_{11}
P_7	1	1	1	2	4
P_8	1	1	2	3	5
P_9	1	1/2	1	2	3
P_{10}	1/2	1/3	1/2	1	2
P_{11}	1/4	1/5	1/3	1/2	1

表 1-16　环境腐蚀强度评价单元重要性判断矩阵

C_3	P_{12}	P_{13}	P_{14}
P_{12}	1	1/2	2
P_{13}	2	1	3
P_{14}	1/2	1/3	1

判断矩阵中每一行的指标相乘：

$$M_i = \prod_{j=1}^{n} a_{ij}, \ i=1,2,\cdots,n \qquad (1-14)$$

计算 M_i 的 n 次方根 $\overline{M_i}$：

$$\overline{M_i} = \sqrt[n]{M_i}, \ \ i=1,2,\cdots,n \qquad (1-15)$$

向量 $\overline{M_i} = \left(\overline{M_1}, \ \overline{M_2}, \cdots, \overline{M_n}\right)^T$ 归一化：

$$W_i = \frac{\overline{M_i}}{\sum_{i=1}^{n} \overline{M_i}} \qquad (1-16)$$

则 $W=(W_1, W_2, \cdots, W_n)^T$ 即为各指标权重。

由此，得到各级指标归一化的权重如下：

$$W_1 = (0.21, 0.18, 0.05, 0.18, 0.10, 0.29)^T \qquad (1-17)$$

$$W_2 = (0.26, 0.34, 0.21, 0.12, 0.07)^T \qquad (1\text{-}18)$$

$$W_3 = (0.30, 0.54, 0.16)^T \qquad (1\text{-}19)$$

$$W = (0.4, 0.4, 0.2)^T \qquad (1\text{-}20)$$

从归一化的权重分析结果可以看出，对水泥环完整性影响较大的固井质量因素包括套管居中度、钻井液动切力；抗温压动态变化能力因素包括井筒压力变化、井筒温度变化、水泥石强度；环境腐蚀强度因素包括气体分压和腐蚀温度。

为判断各指标相对权重的赋值是否合理，需对判断矩阵进行一致性检验，检验结果取决于随机一致性比值 CR 的大小。若 CR 等于 0 时，判断矩阵满足完全一致性；若 CR 在 0~0.1 之间时，判断矩阵满足一致性；若 CR 等于或大于 0.1 时，判断矩阵不满足一致性，应对其重新赋值，直到取得满意的一致性。

CR 计算式为 CR=CI/RI。其中 RI 为平均随机一致性指标，与判断矩阵的阶数 n 有关，见表 1-17；CI 为一致性指标。

表 1-17　平均随机一致性指标取值

阶数 n	1	2	3	4	5	6	7
RI	0	0	0.52	0.89	1.12	1.26	1.36

CI 计算式为 $CI = \dfrac{\lambda_{max} - n}{n - 1}$。其中 λ_{max} 为判断矩阵的最大特征根。当判断矩阵满足一致性时，将其最大特征值对应的特征向量归一化作为各元素的相对权重。上述各判断矩阵的一致性检验结果见表 1-18。

表 1-18　一致性检验结果

指标	CR	是否满足一致性
O	0	是
C_1	0.0078	是
C_2	0.0090	是
C_3	0.0085	是

（4）评判指标隶属度函数的构造。

隶属度函数表征属于模糊集合 L 的程度或等级，即模糊特征函数。根据本节因素集的数据特点，选择三角形和半梯形组合的分布函数形式，如图 1-20 所示。

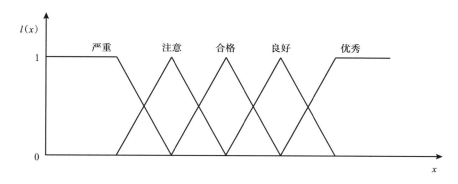

图 1-20　三角形与半梯形联合隶属度函数

隶属度函数的具体确定方法：根据吉林油田实际钻完井数据统计分析、实验结果、监测数据及专家判断确定各指标对水泥环密封完整性的影响规律，应用如图 1-20 所示的三角形和半梯形的分布函数，给出 5 种状态等级的模糊分界区间，见表 1-19 至表 1-21。

表 1-19　固井质量单元各因素对应不同风险程度取值分界

风险程度	严重	注意	合格	良好	优秀
动切力 /Pa	20	15	11	8	5
水泥浆流动度 /cm			18 30	20 25	22
水泥浆失水量 /mL	250	150	100	80	50
环空返速 /（m/s）		0.4	0.6	0.8	1.2
井径扩大率 /%			5	8 15	10
套管居中度 /%	10	33	50	67	90

表1-20 抗温压动态变化能力单元各因素对应不同风险程度取值分界

风险程度	严重	注意	合格	良好	优秀
井筒温度变化 /℃	150	120	100	50	10
井筒压力变化 /MPa	90	70	50	40	30
水泥石强度 /MPa	5	15	20	25	30
水泥石渗透率 /mD	1.00	0.50	0.20	0.10	0.01
水泥石弹性模量 /GPa		10	8	6	5

表1-21 环境腐蚀强度单元各因素对应不同风险程度取值分界

风险程度	严重	注意	合格	良好	优秀
腐蚀温度 /℃	150	120	110	100	80
气体分压 /MPa	70	60	50	40	30
腐蚀时间 /a	100	60	40	20	10

最后建立各状态等级的隶属度函数。例如，对于钻井液动切力 C_{11} 评判指标，对应的各状态隶属度函数分别为：

$$l_1(x) = \begin{cases} 1 & (x \geqslant 20) \\ \dfrac{x-15}{20-15} & (15 \leqslant x < 20) \\ 0 & (x < 15) \end{cases} \qquad (1-21)$$

$$l_2(x) = \begin{cases} 0 & (x \geqslant 20 \text{或} x < 11) \\ \dfrac{20-x}{20-15} & (15 \leqslant x < 20) \\ \dfrac{x-11}{15-11} & (11 \leqslant x < 15) \end{cases} \qquad (1-22)$$

$$l_3(x) = \begin{cases} 0 & (x \geqslant 15 \text{或} x < 8) \\ \dfrac{15-x}{15-11} & (11 \leqslant x < 15) \\ \dfrac{x-8}{11-8} & (8 \leqslant x < 11) \end{cases} \qquad (1-23)$$

$$l_4(x) = \begin{cases} 0 & (x \geqslant 11 \text{或} x < 5) \\ \dfrac{11-x}{11-8} & (8 \leqslant x < 11) \\ \dfrac{x-5}{8-5} & (5 \leqslant x < 8) \end{cases} \qquad (1-24)$$

$$l_5(x) = \begin{cases} 0 & (x \geqslant 8) \\ \dfrac{8-x}{8-5} & (5 \leqslant x < 8) \\ 1 & (x < 5) \end{cases} \qquad (1-25)$$

其中，$l_1(x) \sim l_5(x)$ 分别是钻井液动切力条件为 x 时，对应 $l_1 \sim l_5$ 的隶属度函数。同理也可以得到其他评判指标的隶属度函数。

（5）完整性模糊关系合成与等级确定。

选择合成算子 $M(\cdot, \oplus)$，将以上构建的模糊关系矩阵、一级指标权重和二级指标权重进行合成，得到完整性综合评价向量为：

$$\begin{aligned} V &= W \cdot (W_1 \cdot V_{B_1}, W_2 \cdot V_{B_2}, W_3 \cdot V_{B_3})^{\mathrm{T}} \\ &= \{v_1, v_2, v_3, v_4, v_5\} \end{aligned} \qquad (1-26)$$

根据隶属度最大原则，将水泥环完整性综合评价向量 v_1、v_2、v_3、v_4、v_5 中的最大值对应的完整性等级作为水泥环密封完整性评价等级。

2）吉林油田 X 井水泥环完整性评价结果

为了进一步验证本节方法的可行性和适用性，选取 M 气田某口含 CO_2 采气井（X 井）数据进行评判。X 井建成投产 12 年，垂深 3100m，最高井底温度 107℃，CO_2 分压为 2MPa；因压裂、调产、关井等影响，井筒内最大温度变化

60℃、压力变化 50MPa。固井施工相关参数：该井采用 1.90g/cm³ 常规密度水泥浆封固，采用分级固井工艺，水泥返至地面；固井施工前钻井液动切力 15Pa、水泥浆流动度 23cm、水泥浆失水量 146mL、环空返速 0.86m/s、井径扩大率 17%、平均套管居中度 34%、水泥石抗压强度 18MPa、水泥石渗透率 0.6mD、水泥石弹性模量 10.2GPa。生产过程中出现油层套管和技术套管间环空带压 1.5MPa，由此判断该井完整性失效。

按照本节方法计算，得到各二级指标的模糊关系矩阵如下。

固井质量因素评价矩阵：

$$V_{B_1} = \begin{bmatrix} 0 & 1.0 & 0 & 0 & 0 \\ 0 & 0 & 0 & 0.5 & 0.5 \\ 0 & 0.92 & 0.08 & 0 & 0 \\ 0 & 0 & 0 & 0.85 & 0.15 \\ 0 & 0 & 0 & 1.0 & 0 \\ 0 & 0.94 & 0.06 & 0 & 0 \end{bmatrix} \quad （1-27）$$

抗温压动态变化能力因素评价矩阵：

$$V_{B_2} = \begin{bmatrix} 0 & 0 & 0.2 & 0.8 & 0 \\ 0 & 0 & 1 & 0 & 0 \\ 0 & 0.4 & 0.6 & 0 & 0 \\ 0.2 & 0.8 & 0 & 0 & 0 \\ 0 & 1.0 & 0 & 0 & 0 \end{bmatrix} \quad （1-28）$$

环境腐蚀强度因素评价矩阵：

$$V_{B_3} = \begin{bmatrix} 0 & 0 & 0.7 & 0.3 & 0 \\ 0 & 0 & 0 & 0 & 1.0 \\ 0 & 0 & 0 & 0.2 & 0.8 \end{bmatrix} \quad （1-29）$$

将一级指标权重 W 与二级指标权重 W_i 及二级指标模糊关系矩阵 V_i 代入式（1-26），得到 X 井水泥环完整性评价向量 V：

$$V = \begin{bmatrix} 0.0096 & 0.3111 & 0.2581 & 0.2414 & 0.1798 \end{bmatrix} \quad （1-30）$$

完整性评价向量隶属度最大值为 0.3111，对应的完整性风险等级为"注意"，与现场情况相符。

>> 参考文献 >>

[1] 马长栋.钻井液常见污染问题及处理方法 [J].化工设计通讯，2016，42（12）：123-124.

[2] 王锐霞.钻井液常见污染问题分析及处理措施 [J].科技创新与应用，2015（15）：139.

[3] 黄宏军.超深井钻井液完井液 HCO_3^- 和 CO_3^{2-} 污染规律和处理方法 [J].钻井液与完井液，2003，20（4）：31-33.

[4] 杨玉良，朱丹宏.钻井液受侵及工艺处理技术探讨 [J].新疆石油科技，2005，15（2）：4-6.

[5] 金军斌.钻井液 CO_2 污染的预防与处理 [J].钻井液与完井液，2001（2）：14-16.

[6] 李子成，张希柱.碳酸根离子对钻井液的污染及处理 [J].石油钻采工艺，1999，21（6）：25-28.

[7] 孙玉学，王桂全，王瑛琪.有机硅钻井液 CO_2 污染及处理室内实验 [J].科学技术与工程，2010，10（10）：2442-2444，2449.

[8] 周光正，王伟忠，穆剑雷，等.钻井液受碳酸根／碳酸氢根污染的探讨 [J].钻井液与完井液，2010（6）：42-45.

[9] 张景富，徐明，朱健军，等.二氧化碳对油井水泥石的腐蚀 [J].硅酸盐学报，2007，35（12）：1651-1656.

[10] 龚宁，张启龙，李进，等.二氧化碳腐蚀环境下套管选材新方法及应用 [J].表面技术，2017，46（10）：224-228.

[11] 齐国强，王忠福.固井技术基础 [M].北京：石油工业出版社，2016.

[12] 刘崇建，黄柏宗，徐同台，等.油气井注水泥理论与应用 [M].北京：石油工业出版社，2001.

[13] 张明昌.固井工艺技术 [M].北京：中国石化出版社，2017.

第二章　注入工艺技术

通过注气井向油层注 CO_2 补充能量，保持油层压力，是提高油田采收率和采油速度的一项重要措施。CO_2 注入过程由液态向超临界态转变，对注气工艺设计影响较大，需针对不同油藏类型采用不同的注气工艺。本章将详细介绍 CO_2 驱注气井注入参数优化、笼统注气、分层注气、注气井完井及生产管理等。

第一节　注气参数优化

一、井筒温度、压力剖面计算方法

CO_2 在注入过程中，随着井筒深度的增加，温度、压力都将产生很大变化。根据 CO_2 相图，CO_2 在井筒中将有可能发生相态变化，而 CO_2 相态的变化又会反过来对温度、压力的分布产生较大影响。考虑 CO_2 的相态变化对注气井井筒温度压力变化规律进行描述，使 CO_2 注气井温度、压力的预测能控制在合理误差范围内，提高注入参数设计准确性，满足 CO_2 驱油工艺控制技术参数的需要。

1. 模型假设[1]

（1）流体在井筒内的流动为一维稳态流动，同一截面上气液两相温度、压力和速度相等。

（2）从油管到水泥环外缘间的传热为一维稳态传热，从水泥环外缘到井筒周围地层中的传热为一维非稳态传热。

（3）井筒和周围地层中的热损失是径向的，且不考虑沿井身方向的纵向传热。

2. 井筒压降计算模型

如图 2-1 所示，取一维流段 dz 来研究，根据流体力学动量守恒定律，可得井筒压降计算模型如下：

$$-\frac{\mathrm{d}p}{\mathrm{d}z}=\frac{g\sin\theta\left[\rho_{L}H_{L}+\rho_{g}\left(1-H_{L}\right)\right]+\dfrac{fGv_{m}}{2dA}}{1-\dfrac{\left[\rho_{L}H_{L}+\rho_{g}\left(1-H_{L}\right)\right]v_{m}v_{sg}}{p}} \qquad (2-1)$$

式中　p——压力，MPa；

z——井筒位置，m；

g——重力加速度，m/s^2；

θ——井筒中心线与参考水平面夹角，（°）；

ρ_{L}——液体密度，kg/m^3；

H_{L}——持液率；

ρ_{g}——气体密度，kg/m^3；

f——阻力系数；

G——流体质量流量，m/s；

d——管道内径，m；

A——流体流经管道截面积，m^2；

v_{m}——混合流体线速度，m/s；

v_{sg}——气相表观流速，m/s。

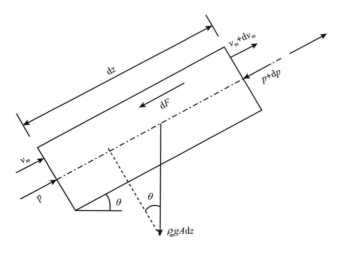

图 2-1　一维稳定流动

3. 井筒温度计算模型

井筒温度模型可由式（2-2）确定：

$$\frac{\mathrm{d}T_f}{\mathrm{d}z} = \frac{T_{ei} - T_f}{M} - \frac{g\sin\theta}{c_{pm}} + \left(\overline{J_t} + \frac{v_m v_{sg}}{p c_{pm}} \right) \frac{\mathrm{d}p}{\mathrm{d}z} \qquad （2-2）$$

其中

$$M = \frac{\overline{c_{pm}}G}{2\pi} \left(\frac{k_e + T_D r_{to} U_{to}}{r_{to} U_{to} k_e} \right) \qquad （2-3）$$

式中　T_f——流体温度，K；

　　　T_{ei}——地层温度，K；

　　　M——松弛距离，m；

　　　$\overline{c_{pm}}$——混合流体比定压热容，J/（kg·K）；

　　　$\overline{J_t}$——混合流体焦耳—汤姆孙系数，K/Pa；

　　　k_e——地层导热系数，W/（m·K）；

　　　T_D——瞬态传热函数；

　　　r_{to}——油管外半径，m；

　　　U_{to}——井筒总传热系数，W/（m²·K）。

式（2-2）和式（2-3）加上 PR 状态方程，即组成了高含 CO_2 原油混合体系井筒流动压力、温度分布计算综合模型[2]。该模型求解可采用数值差分方法进行计算，以井底或井口已知数据作为初始条件，将井筒分成若干段进行迭代计算，可得到整个井筒的压力、温度剖面。

4. 模型相关参数计算方法

1）井筒总传热系数

井筒总传热系数 U_{to} 可由式（2-4）确定，再根据实际井身结构情况进行修正：

$$U_{to} = \left[\frac{r_{to}}{r_{ti}h_{to}} + \frac{r_{to}\ln(r_{to}/r_{ti})}{k_t} + \frac{1}{h_c + h_r} + \frac{r_{to}\ln(r_{co}/r_{ci})}{k_{cas}} + \frac{r_{to}\ln(r_{wb}/r_{co})}{k_{cem}} \right]^{-1} \quad （2-4）$$

式中　r_{to}——油管外壁半径，m；

　　　r_{ti}——油管内半径，m；

　　　h_{to}——油管内流体传热系数，W/（$m^2 \cdot K$）；

　　　k_t——油管导热系数，W/（$m \cdot K$）；

　　　h_c——环空内流体的对流传热系数，W/（$m^2 \cdot K$）；

　　　h_r——环空内流体的辐射传热系数，W/（$m^2 \cdot K$）；

　　　r_{co}——套管外壁半径，m；

　　　r_{ci}——套管内壁半径，m；

　　　k_{cas}——套管导热系数，W/（$m \cdot K$）；

　　　r_{wb}——井筒半径，m；

　　　k_{cem}——水泥环导热系数，W/（$m \cdot K$）。

在具体计算 U_{to} 时，将井身分成多段，在每一段上根据不同的温度、压力采用迭代法求解。

2）瞬态传热函数计算

瞬态传热函数 T_D 的精确求解过程非常复杂，采用能够满足工程精度要求的近似公式加以计算。

$$T_D = \begin{cases} 1.1281\sqrt{t_D}\left(1-0.3\sqrt{t_D}\right) & t_D \leqslant 1.5 \\ \left(0.4063 + 0.5\ln t_D\right)\left(1+\dfrac{0.6}{t_D}\right) & t_D > 1.5 \end{cases} \qquad （2-5）$$

其中

$$t_D = \xi t / r_{wb}^2$$

式中　ξ——地层热扩散系数，m^2/s；

　　　t——注气时间，h。

二、注气井吸气能力计算模型

利用现场试验数据拟合了吉林油田原油物性和相态，考虑地层压力、渗透率等的变化，对吉林油田试验区进行了数值模拟工作。在数值模拟结果的基础上，探索了不同的数据归一化处理方法，建立了普遍性的注入动态方程。利用注入动态方程进行生产预测并与数值模拟重新计算结果进行对比分析，显示误差较小。

1. 注气井近井地带渗流规律及模型

以吉林油田的实际油藏条件为基础，将油藏模型考虑为单层、均质、圆形封闭油藏中心一口井的情况，油层内为油气两相渗流。采用径向变步长网格，最小径向网格步长 0.1m、最大径向网格步长 30m。油井为完善井，不考虑表皮的影响，通过对个别参数进行适当的调整，应用大型数模软件 CMG 的组分模拟器 GEM 建立如图 2-2 所示的油藏网格模型。模型中所用到的区块的油藏基本参数见表 2-1。

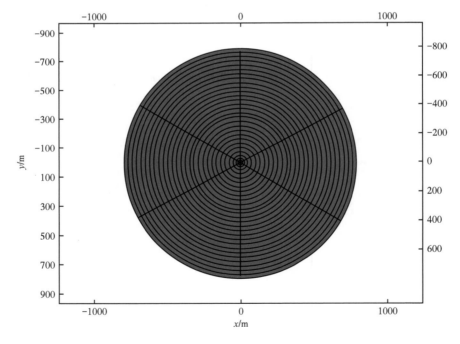

图 2-2　油藏网格模型

表 2-1 油藏基本参数

参数名称	参数值
平均油层厚度 /m	8
油层顶部深度 /m	2450
平均孔隙度	0.128
平均渗透率 /mD	5
油层束缚水饱和度 /%	20
油层边界半径 /m	400
原始油藏温度 /°C	98.9
原始油藏压力 /MPa	24.2

2. 注气井近井地带渗流模型数值模拟

应用上述所建油藏网格模型分别进行两个区块的数值模拟，绘制吸气曲线如图 2-3 和图 2-4 所示。

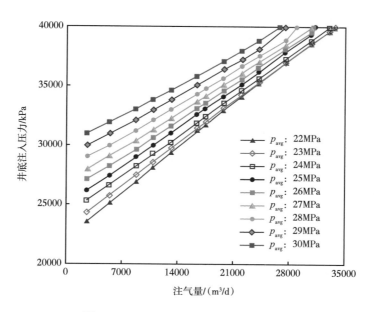

图 2-3 黑 59 区块 CO_2 注气井吸气曲线

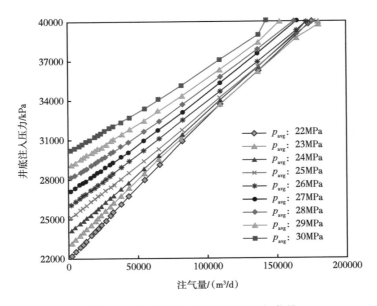

图 2-4　黑 79 区块 CO_2 注气井吸气曲线

图 2-3 和图 2-4 分别为不同区块数模计算的 CO_2 注气井吸气曲线，从图中可以看出在同一油藏平均压力 p_{avg} 条件下，井底压力越大，则地层吸气能力就越强，而在不同油藏平均压力下，随着注气井油藏平均压力的上升，井底吸气能力是增强的。

从图 2-3 和图 2-4 可以看出，以上吸气曲线基本形式相似，因此可以通过无量纲化的方法来处理这些曲线，本节通过对比几种无量纲化方法后，采用以下的无量纲化方法来对以上的注气井吸气曲线进行处理。

设地层极限注入压力（破裂压力）为 p_F，极限注入压力下的注入流量为 Q_{gmax}，则将上述吸气曲线的横轴以 Q_g/Q_{gmax}，纵轴以 $(p_{wf}^2-p_r^2)/(p_F^2-p_r^2)$ 来进行无量纲归一化处理，处理后的吸气曲线如图 2-5 所示。

对以上 CO_2 注气井无量纲吸气曲线回归后得到 CO_2 注气井吸气方程如下：

$$\frac{p_{wf}^2-p_r^2}{p_F^2-p_r^2}=0.252\frac{Q_g^2}{Q_{gmax}^2}+0.748\frac{Q_g}{Q_{gmax}},R^2=0.9965 \qquad （2-6）$$

式中　p_{wf}——井底流压，MPa；

p_r——地层压力，MPa；

Q_g——注气量，m^3/d；

Q_{gmax}——最大注气量，m^3/d。

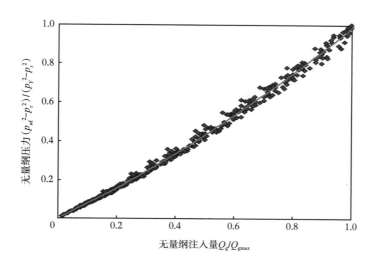

图 2-5　CO_2 注气井无量纲吸气曲线

三、注入参数优化设计

1. 极限注入压力

注气井的井底注入压力不能超过地层破裂压力，同时应大于地层压力。本井注入流体的井底压力范围为 24.15~40MPa，根据井底压力的极限范围，反求井口压力的极限范围，通过软件计算可知井口注入压力极限范围。此处分别计算了在 -20~20℃、40t/d 条件下，极限注入压力的下限和上限，其中下限为 6~7.7MPa，上限为 17.6~18.4MPa。

图 2-6 为井口注入温度 0℃，注入量为 40 t/d 条件的井口极限注入压力示意图。极限注入压力为 6.7~18MPa。

2. 合理井口注入压力

由于实际注采中要尽可能大地增加 CO_2 注入量以增加 CO_2 埋存量和对应的采油量，故合理井底流压应该是在不压裂地层的情况下越大越好。黑 59 区块的地层破裂压力为 40MPa，一般注采工程的合理井底注入压力取破裂压力的 90%~95%。按此计算，该区块合理的井底注入压力应为 36~38MPa。根据井底压力的合理范围，反求井口压力的合理范围。在 –20~20℃、40t/d 条件下，合理注入压力的下限为 14.5~15.5MPa，上限为 16~16.9MPa。鉴于工作压力，井口应选择 CC 级材质的 5000psi（34.5MPa）采气井口以保证安全可靠。

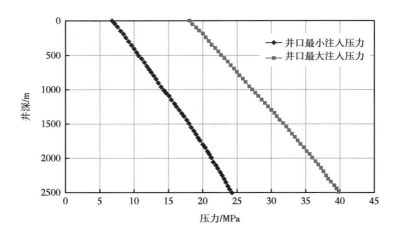

图 2-6　黑 59-A 井井口极限注入压力示意图

图 2-7 为井口注入温度 0℃，注入量 40t/d 条件下的合理注入压力示意图。井口的合理注入压力为 14.9~16.4MPa。

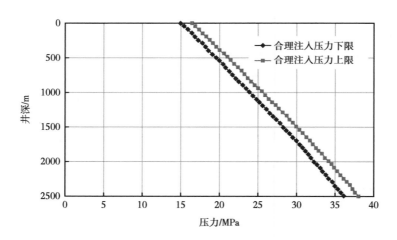

图 2-7　黑 59-13-6 井井口合理注入压力示意图

3. 合理注入量的确定

合理注入量的确定要考虑油管注入曲线和地层吸气能力的协调点的变化情况。在本井中，油管是固定的 $2\frac{7}{8}$in 油管，故油管注入曲线是固定的。通过固定的油管注入曲线和地层压力变化的吸气能力曲线的交点可以看出在地层压力和吸气能力不断发生变化的情况下的协调吸气量。通过分析井口在 16MPa 注入压力、不同的注入温度下（-20~20℃）的协调注入量可以发现，合理的注入量变化范围都为 40~55t/d。

如图 2-8 所示，在井口注入温度为 0℃，井口注入压力为 16MPa 时，随着地层压力和吸气能力的变化，油管注入曲线和吸气能力的交点在 40~55t/d 之间，即此温度和注入压力情况下合理的注入量为 40~55 t/d。

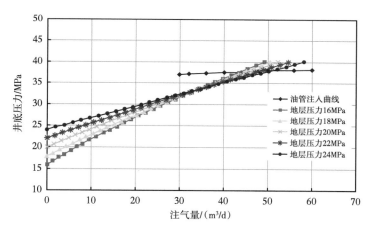

图 2-8　黑 59-13-6 井井口合理注入量分析

4. 合理井口注入温度的确定

由前面的分析可以发现，合理的井底流压为 36~38MPa，合理的井口注入压力为 14.9~16.4MPa，合理的注入量为 40~55t/d。

如图 2-9 所示，通过对井口注入压力为 16MPa，注入流量分别为 40t/d 和 55t/d 的合理注入温度的对比可以发现，在相同井口注入压力下，若注入量增大，那么合理注入温度的上下限同时也随之升高。在合理注入量为 40t/d 和 55t/d 时，合理井口注入温度的范围分别为 −20~30℃ 和 8~34℃。

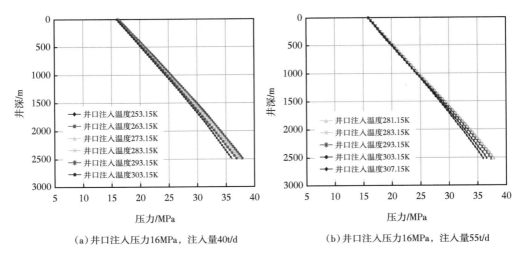

（a）井口注入压力16MPa，注入量40t/d　　　（b）井口注入压力16MPa，注入量55t/d

图 2-9　黑 59-13-6 井井口合理注入温度分析图

第二节　注气工艺

CO_2 驱注气井大部分是老井，井口无论是在材质还是在压力级别上，均不满足 CO_2 驱注气的要求，因此，为保障安全注气，主要从压力级别、材料级别、温度级别、性能级别、规范级别、密封方式、结构设计、连接方式等几个方面进行设计。

一、笼统注气工艺技术

1. 笼统注气井口设计

水驱转 CO_2 驱的老井普遍采用 DD 级井口，无法满足防腐要求，需要进行更换。注气井口的设计依据 GB/T 22513—2013《石油天然气工业　钻井和采油设备　井口装置和采油树》标准，主要是对井口压力级别、材质级别、温度级别、结构设计、连接方式等方面进行研究设计。

1）井口压力设计

根据标准要求，井口的工作压力应大于井口实际关井压力。

2）井口材质级别设计

由于井口涉及的材质较为复杂，主要结构以金属为主，同时存在密封胶圈等非金属结构，依据 GB/T 22513—2013《石油天然气工业 钻井和采油设备 井口装置和采油树》标准要求，结合 CO_2 驱注气井井口服役环境，重点考虑抗 CO_2 腐蚀性能，因此，选择井口材质级别为 CC 级以上。

3）井口规范级别选择

GB/T 22513—2013《石油天然气工业 钻井和采油设备 井口装置和采油树》规定了四种不同技术要求的产品规范级别（PSL）。根据井口使用环境、压力级别等因素考虑，注入井口规范级别选择 PSL3G 以上。

4）井口性能级别选择

性能要求是对产品在安装状态特定的和唯一的要求，所有产品在额定压力、温度和相应材质类别以及试验流体条件下，进行承载能力、周期、操作力或扭矩的测试，包括压力、温度、持久性循环试验。考虑到阀门的操作次数以及对压力、温度等级的要求，井口的性能级别选择为 PR2。

5）井口结构设计

注气井注气过程井筒内介质为 CO_2 气体，对井口密封性要求较高，因此，井口结构满足气密封设计，采用双翼双阀结构，主阀应设计安装 1 个安全阀，配备控制系统，实现高压、低压自动关井及远程关井功能。注气井口共计 11 个阀，井口具体结构如图 2-10 所示。

2. 管柱设计

目前气密封螺纹油管种类繁多，但其基本形式大体相同，一般来讲，气密封螺纹由三部分构成：连接螺纹、抗扭矩台肩和密封面。密封面是气密封的主要结构，多采用复合多重密封，即以径向金属对金属密封为主，辅以一个或多个端面密封。国外广泛应用的气密封螺纹有 NK3SB、FOX、NSCC、WAM 等类型，国内气密封螺纹有 BGT 型，通过对密封原理对比分析及气井应用分析来看，国外气密封螺纹密封性有一定优势，但成本较高，国内气密封螺纹密封性可以

满足 CO_2 驱试验要求，而且经济方面具有一定优势，管柱设计选择 BGT 扣油管。

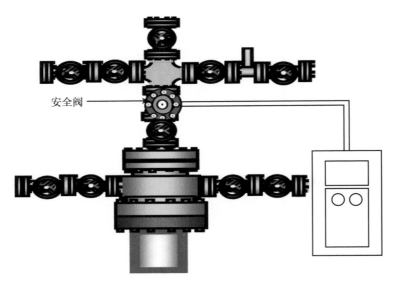

图 2-10　笼统注气井口结构图

3. 气密封封隔器设计

气密封封隔器设计推荐采用 Y441 封隔器，避免因压力波动而失效。根据井下服役环境，设计耐腐蚀、防垢、耐温的封隔器。

4.WAG（水气交替）防腐措施

在 WAG 交替过程、CO_2 转注水或注水转 CO_2 停注过程存在气液混合环境，环境腐蚀性较强，因此，在这两个过程中需要加注缓蚀剂段塞，以保证井口设备以及井下管柱的安全；缓蚀剂类型根据不同区块进行现场试验评价后确定。前期现场实施 WAG 工艺试验井数较少时，可采用流动泵车在井口加注缓蚀剂。在 WAG 规模扩大后，从成本考虑，在注水间设计加药流程，以满足水气交替情况下的加药需求，可以根据水气交替变化随时进行加药。

二、分层注气工艺技术

1. 同心双管注气工艺设计

CO_2 驱同心双管分层注气是利用两套同心管柱来实现地面分注的注气工艺，在工艺设计上需要考虑两个注气管柱的尺寸大小和优选问题，现场实施需要安全可靠，才能保证管柱的现场应用和推广。

1）同心双管分层注气井口设计

同心双管分层注气井口与笼统注气井口的压力级别、材质级别、温度级别、性能级别、规范级别、密封方式等设计要求相同，仅需要针对分注的特殊要求进行结构设计、连接方式研究设计。

井口结构设计主要在井口内部设计上下两个油管挂结构，底部油管挂悬挂外油管，顶部油管挂悬挂内油管，井口结构如图2-11所示。

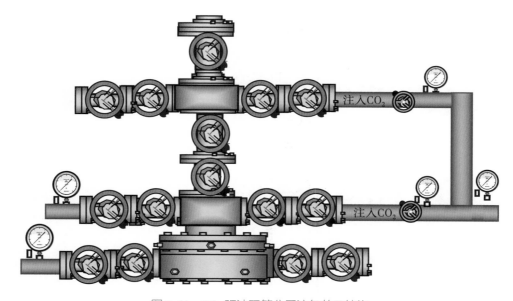

图2-11　CO_2驱油双管分层注气井口结构

2）双管分层注气管柱设计

双管分层注气工艺是通过在油管内下入中心管，分别用封隔器将两油层分隔开来，利用中心管注下部油层，中心管和油管中间注上段油层。主要管柱结构分为油管管柱和中心管管柱。

油管管柱主要由双气密封封隔器、配注器、井下插入式密封短节[3]、底阀、剪切球座等组成，对上部油层进行注气；中心管管柱主要由小油管、中间承接短节插入密封段等组成，对下层油层进行注气，如图2-12所示。

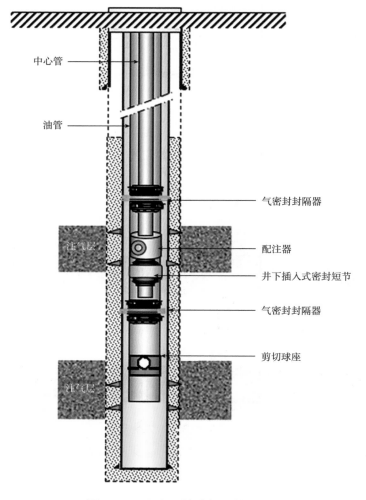

中心管

油管

气密封封隔器

配注器

井下插入式密封短节

气密封封隔器

剪切球座

注气层

注气层

图 2-12　同心双管注气工艺管柱

3）注气管柱尺寸大小优化设计

在 $5\frac{1}{2}$in 套管内实施同心双管分层注气，主要有两种方案：一是采用 1.9in 管和 $2\frac{7}{8}$in 管组合；二是采用 1.9in 管和 $3\frac{1}{2}$in 管组合。

以上两种方案的优选重点：一是两种方案在管柱搭配上是否可以进行施工；二是两种方案都能进行正常作业的前提下哪种更优。首先从施工角度考虑，中心管和油管在考虑了外径接箍和摩擦力、井斜、油管（套管）内壁结垢等情况下能否顺利下入，能否施工，能否正常注气，以及风险性评估情况。如果两者都能进行正常施工，那就需要考虑两种方式注气哪种方案更优，这需要从正常注气工艺的参数及成本上进行考虑。详细的对比还需结合注气量、注气压力、注入流体温度等来具体分析。

试验区块综合考虑施工、注气参数、成本等角度，设计采用 1.9in 管和 $3\frac{1}{2}$in 管柱组合。

2. 单管多层分注工艺管柱

同心双管分注工艺只能满足两段分注，因此，为了满足三段及以上分层注气需求，设计了 CO_2 驱单管多层分注工艺。

1）单管多层分层注气井口设计

单管多层分注工艺的关键在于井下工具，井口结构及要求与笼统注气工艺相同，因此，井口参考笼统注气井口设计。

2）单管多层注气管柱设计

单管多层注气工艺是基于偏心分层注水的基础上，进行优化设计的偏心分层注 CO_2 工艺，井下用封隔器进行封隔，应用多级串联气嘴进行流量调节，可以实现多段分注[4]。

管柱主要由交替注入调节器、双封隔器、配注器、丝堵等组成。气嘴采用多级文丘里管串联气嘴结构，如图 2-13 所示。

3）防返吐工艺设计

停注 CO_2 过程中油层中的流体返吐入井筒内，重质组分凝结在油管内壁，导致严重的井筒阻塞，从而引起测试工具遇阻。因此，注气工艺需要进行防返吐设计。

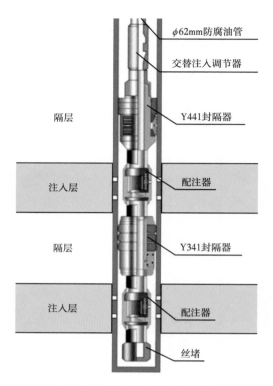

图 2-13　单管多层分注工艺管柱

三、连续油管注气工艺技术

结合注气井高气密封及防腐需求，针对连续油管特点，综合气密封油管完井工艺存在的问题，形成连续油管笼统注气工艺，可大幅度降低注气井开发成本，目前已具备规模化应用条件，可替代气密封扣油管工艺，为目前主要注气工艺。

1. 注气工艺对比

连续油管笼统注气工艺较气密封扣注气工艺有以下 6 点优势：

（1）气密封螺纹注气工艺密封薄弱点较多，有油管挂、螺纹、封隔器等，按照 2400m 井深计算，管柱螺纹连接处较多，达 250 余个，由于井筒密封薄弱点多，出现环空带压后进行带压原因分析难度较大。连续油管注气工艺气密封薄弱点较少，仅井口悬挂器、井下封隔器两个位置存在泄漏风险，环空带压后原因分析简单，针对带压原因采取治理措施针对性较强，可进一步降低 CO_2 驱注气井安全风险。

（2）气密封螺纹油管对于施工要求较高，需要配合作业机进行上扣扭矩检测和气密封检测，工序复杂，工作量大，施工周期较长。连续油管工艺在可实现带压作业的基础上，连续油管作业机无须其他设备配合可单独进行安全起下作业，工作量较小，施工周期较短。

（3）结合重新完井分析表明，环空保护液只能保证封隔器以上油管外壁的防腐，由于注入水质不合格及水气交替的影响，服役时间在 4~6 年的 CO_2 驱注入井油管内壁腐蚀结垢严重，个别井出现了腐蚀穿孔现象，影响注气井安全平稳运行；由于连续油管重量轻，选用耐腐蚀材质成本增加较少，避免油管内壁的腐蚀结垢问题，延长 CO_2 驱注气井检管周期。

（4）相比于气密封螺纹油管，连续油管完井工艺省去了上扣扭矩检测和气密封检测等工序，大幅度降低了完井作业成本，缩短了作业周期；气密封螺纹油管无法利旧，连续油管工艺利旧率较高，降低完井材料成本。

（5）对不同材质油管在工况条件下的室内实验对比表明，相比于碳钢油管，采用不锈钢油管可延长检管周期，进一步降低后期检管作业成本。

（6）针对连续油管及部分井下工具可重复利用，完井作业费用较低、施工工序简单、施工周期较短等特点，可实现带压作业，规模化应用可大幅度降低注气井完井成本。

2. 完井管柱设计

完井管柱由连续油管＋井下密封工具组成。根据不同生产需求，针对性设计连续油管尺寸，以满足测试仪器的通过性。

3. 材质选择

为进一步延长服役周期，可选择耐腐蚀连续油管材质完井。通过对比分析，采用 18Cr、2205 材质均具有较好的防腐效果，具体管材选择需要结合力学性能及成本优化设计（表 2-2 和表 2-3）[5]。

表 2-2　CT-80 连续油管技术参数

序号	材质	连续油管尺寸 /in	外径 /mm	内径 /mm	壁厚 /mm	单位质量 /kg/m	最大外压 /MPa	最大内压 /MPa	最大载荷 /kgf
1	2205	2	50.80	42.88	3.96	4.73	76.33	81.50	31219
2		$2\frac{7}{8}$	73.03	63.48	4.78	8.28	54.16	67.50	54104
3	18Cr	2	50.80	42.88	3.96	4.66	66.79	71.50	27366
4		$2\frac{7}{8}$	73.03	63.48	4.78	8.16	49.17	59.10	47427

表 2-3　不同防腐材质连续油管腐蚀评价实验

试样		腐蚀环境	腐蚀速率 /（mm/a）		标准要求 /（mm/a）
编号	材质编号		单值	平均	
1	2205	现场水样（72h）	0.02315	0.02663	< 0.076
2			0.02875		
3			0.02799		
4	18Cr		0.03189	0.03500	
5			0.03559		
6			0.03752		

第三节　生产管理要求

一、井况要求

1. 转注老井井况监测

由于常规水驱注采老井没有按照气驱井进行完井设计，采用常规水泥完井，老井套管存在一定腐蚀情况，需要对井况进行评价，判断是否满足转注气要求。

1）资料调查

对油水井基础数据、井史资料和历次作业情况等进行查阅和统计。

2）固井质量评价（声幅测井、变密度测井、八扇区水泥胶结测井）

在注气前进行固井质量检测，首先应用通径规通井到人工井底或预测井段以下，彻底洗井，清洗套管内壁的结蜡等。然后起出通井管柱，下入测井仪器测井。如果固井质量不合格，进行井况治理，井况合格后方可注气。

其原理是定量评价固井第一界面、定性评价固井第二界面水泥胶结质量。同时八扇区接收探头将水泥环分为八个扇区。由于探头距信号发生器只有 18in，因此，仪器很容易检测出水泥胶结微环中存在的细小问题。

3）套管状况检测（多臂井径仪 + 电磁探伤）

对实施 CO_2 驱注气井套管进行检查，查看套管是否有套管变形或套管错断现象（表 2-4），防止在完井施工过程中卡井，同时，评价套管腐蚀状况。

（1）多臂井径测井。

以套管内径 124.36mm 为例进行结果分析。

套管轻微变形：扇区展开图为规则圆形或椭圆，套变数据在 126~119mm 之间，可判断为轻微变形。如套管整体出现缩径，应结合电磁测厚仪判断套管是否存在结垢可能。

套管中度变形：扇区展开图为不规则圆形或椭圆，套变数据最大值大于 126mm，最小值在 110~119mm 之间，可判断为中度变形。

套管严重变形：扇区展开图为不规则图形，套变数据最小值小于 110mm，最大值大于 130mm，可判断为严重变形。

套管错断：扇区展开图套变位置且严重变形，套变数据最大值超过测量范围，最小值低于 100mm，可判断为套管错断或套漏。

（2）电磁探伤测井。

套管壁厚检测定点评价套管腐蚀结垢状况，并判断 CCUS-EOR 和 CCS 阶段内井筒是否安全可靠，否则实施井况治理，井况合格后方可完井实施。

以多扇区扫描式电磁测厚仪为例进行结果分析，40 个涡轮探头能识别套管缺陷和厚度变化。

表 2-4　套损检测技术成果图组成列表

序号	名称	功能
1	内径值曲线	20 点 /m，描述套管内径最大值、最小值、平均值
2	井径曲线	多臂曲线当前深度点半径曲线值
3	套变扇区展开图	按照臂爪方位角度，根据井径内径值大小用不同颜色进行渲染
4	套管半剖图	按 20 点 /m 绘制
5	40 扇区套管壁厚曲线	20 点 /m，描述 40 扇区套管壁厚变化曲线

（3）验窜。

固井质量不好的井检查井层间是否有窜层现象，利用水进行验窜，首先下入验窜管柱，通过套压法或套溢法验证注气层段与其他层段是否存在窜通现象。

2. 井况检测评价标准

根据现行标准 Q/SY 01006—2016《二氧化碳驱注气井保持井筒完整性推荐作法》要求，转注老井需满足以下条件：

（1）检测固井质量，水泥环无微裂缝，油层以上水泥胶结好且分布连续的段大于 150m；

（2）套变或落物鱼顶位置在水泥返高之下 200m，套变位置以上井筒无漏、无穿孔、井况良好，修井前注水正常；

（3）套管壁厚磨损小于 30%。

二、环空带压管理

注气井环空主要由两个环空组成，分别是指油管和生产套管之间的环空（简称"A"环空）；生产套管及表层套管之间的环空（简称"B"环空）。随着 CO_2 驱的进行，注气井环空带压现象是不可避免的，长期高环空带压易加剧 CO_2 腐蚀、影响注气安全。因此，如何控制环空带压对延长注气服役时间及保障安全注气十分重要。

1. 环空带压测试方法与要求

（1）环空带压测试主要包括环空保护液液面测试、环空放压测试、环空压力恢复测试三个方面。环空保护液液面测试主要是利用声纳器测试环空保护液液面位置，确定环空保护液补加量。环空放压测试主要是测试环空放压过程中压力变化和环空气体流量的变化。环空压力恢复测试主要是测试环空压力放压后随时间的变化情况。结合环空放压测试和环空压力恢复测试可以判断注气管柱泄漏的情况，指导下步措施制定。

（2）测试要求。

①每月进行一次环空液面测试，检查环空保护液液面位置，如果液面低于200m，需要进行补加。每 2 个月对持续高环空压力井进行一次环空压力恢复测试。

②测试安全注气事项。

（a）在进行 CO_2 驱注气井环空压力与液面测试时，必须穿戴防护用品，严格按照操作规程操作。

（b）阀门开关、安装测试工具时，必须侧身操作。

（c）套管气放空时，必须确保测试井周围 100m 范围内无非工作人员，工作人员必须站在上风口方向，随时监测空气中 CO_2 等有害气体浓度变化，如超过阈限值立即关闭阀门。

（d）如发生突发事件，立即撤离并报告站 / 队值班领导，采取应急措施。

（e）遵从其他 HSE 要求执行 CO_2 驱注气井 HSE 管理规程。

2. 环空带压控制措施及要求

（1）严格把好方案设计关，在方案设计之初，就要明确井口选择、油管选择、封隔器选择、压力表及阀门选择必须是气密封；明确安装步骤和要求，尤其是上扣扭矩要符合气密封要求和环空带压的上限值；从而确保井口、管柱、封隔器都密封。

（2）在转注老井、新井进行完井施工前，必须进行井筒检测，检查套管、水泥情况，如果不符合注 CO_2 要求，必须调整；在水气交替过程中，套压始终接近油压时，必须进行漏点检测，确定是否需要重新完井；每年对注气井安装的压力表进行一次检定，对不合格的压力表及时更换。

（3）完井投产过程中应加强质量控制，加强现场作业监督管理，严格按照方案设计的要求进行施工作业。重点监督上扣扭矩是否达到设计要求，如果扭矩不达标，不得继续作业。在作业结束后必须进行验封，确保井口、管柱、封隔器都密封。

（4）加强生产维护管理，严格按照操作规程进行操作。每天要及时录取注气井、注水井油压、套压，上报主管部门；每天检查井口、压力表、阀门是否完好，如发现有漏气、损坏时，及时进行更换或维修。

3. 环空带压管理措施的治理对策

（1）套压高于 5MPa 的井，套管阀门侧翼设计安装放压装置，控制套压在高于 5MPa 时，进行放压（放压需要接管线连接，并进入排污池）。

（2）套压泄压后恢复缓慢的井，正常生产时加强日常压力监测及生产管理，有必要时采取措施查找漏点。

（3）套压泄压后短时间内恢复的井，进行泄压分析，查找漏点并根据实际情况优化管柱结构、工具，进行重新完井作业，确保气密封可靠[6]。

▶▶ 参考文献 ▶▶

[1] 朱德武. 凝析气井井筒温度分布计算 [J]. 天然气工业，1998，18（1）：60-63.

[2] 郭春秋，李颖川. 气井压力温度预测综合数值模拟 [J]. 石油学报，2001，22（3）：100-104.

[3] 贾菲，于海峰，王刚. 中深井可钻桥塞多级管插配地面分注技术 [J]. 长春工业大学学报，2019，40（1）：94-98.

[4] 韩洪升，付金辉，王春光，等. 分层注水井配水嘴嘴损曲线规律实验研究 [J]. 石油地质与工程，2008，2（22）：79-81.

[5] 鲜宁，张平，荣明，等. 连续油管在酸性环境下的疲劳寿命研究进展 [J]. 天然气与石油，2019，37（1）：63-67.

[6] 郑伟. 连续油管的主要失效形式及原因分析 [J]. 科学技术创新，2019（11）：32-33.

第三章 举升工艺技术

CO_2 驱气体突破采油井后，气液比和套压上升，将严重影响有杆抽油泵的举升效率。在正确预测 CO_2 驱流入动态的基础上，合理选择抽汲参数，提出了机采井工艺设计方法；并针对高气液比的特点，分析了气体对抽油泵泵效的影响，合理选择抽油泵及抽汲系数、井下气液分离器和井的合理控压是高效举升工艺的三个重要因素。

第一节 采油井生产特点

一、生产参数变化规律

水气交替是目前应用最广、实施效果最好的一种注入方式。其优点在于通过水气交替注入改善流度控制，减缓水气突破趋势，较轻的气和较重的水相结合改善了储层的垂向驱替效率，从而提高油藏 CO_2 驱采收率，被大部分油田采用。

CO_2 驱采油可分为两个阶段：CO_2 突破前，生产参数与常规油井相同；但 CO_2 突破后其套压和气液比均会上升，如图 3-1 和图 3-2 所示。

二、采油井生产情况

借鉴黑 59 区块、黑 79 区块 CO_2 驱生产经验，采出井历史生产数据表明，随着气液比升高，油井泵效呈下降趋势，综合两区块泵效变化趋势，气液比在 $0\sim50m^3/t$ 范围内，油井生产状况良好，可以实现高效生产，如图 3-3 所示。

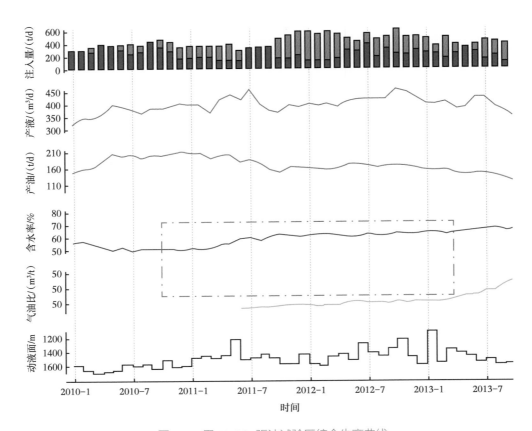

图 3-1 黑 79 CO$_2$ 驱油试验区综合生产曲线

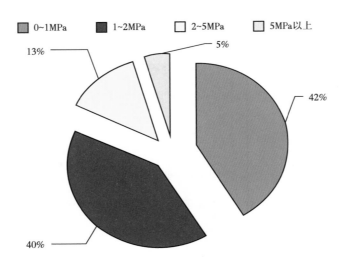

图 3-2 采油井不同套压所占百分比

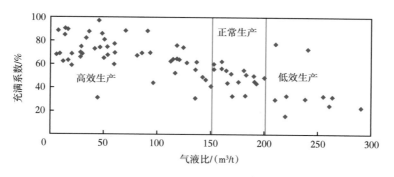

图 3-3　采油井泵效与气液比的关系

第二节　机采参数优化设计

一、流入动态预测

借鉴 Vogel 溶解气驱油井产能方程，将油藏模型考虑为单层、均质、圆形封闭油藏中心一口井的情况，综合考虑地层压力、泄油半径、渗透率、相对渗透率曲线、原油组成、CO_2 含量及表皮因子等因素的影响，通过对 18 组正交试验数值模拟结果进行无量纲化处理（图 3-4），拟合建立 CO_2 驱油井流出动态模型。

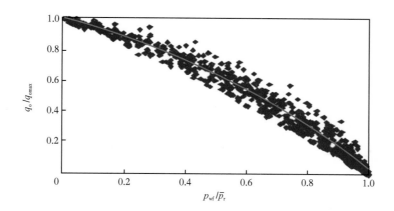

图 3-4　不同平均地层压力下的综合归一化曲线

$$\frac{q_{\mathrm{o}}}{q_{\mathrm{omax}}} = 1 - 0.465 \frac{p_{\mathrm{wf}}}{\overline{p}_{\mathrm{r}}} - 0.535 \left(\frac{p_{\mathrm{wf}}}{\overline{p}_{\mathrm{r}}} \right)^2 \qquad (3-1)$$

式中　q_o——产油量，t/d；

　　　q_{omax}——最大产油量，t/d；

　　　p_{wf}——井底流压，MPa；

　　　$\bar{p}_r$——平均地层压力，MPa。

吉林油田 2 口 CO_2 驱采油井产能预测最大相对误差为 9.07%，总的平均相对误差为 4.27%（图 3-5），该方法和模型的预测精度较高，在 CO_2 驱油田开发方案编制和油井举升设计中具有一定的应用可行性。

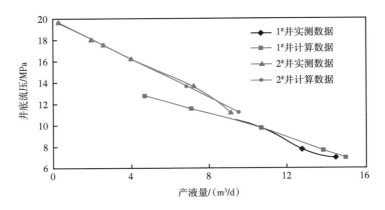

图 3-5　吉林油田 CO_2 驱采油井流入动态预测

二、抽汲参数设计

1. 供采协调匹配

抽油机井在进行抽汲参数设计时，必须保证地层和井筒的协调生产，以抽油泵吸入口处为节点，在泵吸入口处的压力可以存在三条压力曲线[1]：（1）泵上油管和抽油杆之间的压力曲线；（2）从井口套管到地层的套管压力分布曲线；（3）从动液面处到泵吸入口处的压力分布曲线。结合以上三条压力分布曲线，结合地层流入动态曲线（IPR）和泵效 η 随泵吸入口压力 $p_{吸}$ 的关系曲线，可进行节点系统分析，寻找地层的供采协调点。

套管内的压力分布曲线可以采用流入动态曲线拟合方法计算。其节点分析方法可用图 3-6 表示。

根据所建立的三条压力分布曲线，将三条曲线处理后可以绘制在一个图上。综合三条曲线，建立联立方程可求解其中参数。在图 3-6 中，L 轴为油管深度；p 轴为井底流压及垂直管压力；Q 轴为油层产量及排液量；p 轴是三条曲线的公用轴。由于 p 轴和 Q 轴的公用，给三条曲线建立方程关系创造了条件，求解时，依据四个协调条件：

（1）p_f（IPR）$= p_f$（t），即油井渗流特性曲线上的流压，等于垂直管流曲线上的井底流压；

（2）$p_沉 = p_吸$，即垂直管流曲线泵口处的压力，等于泵抽曲线上的泵吸入口压力；

（3）$\Delta p_f = \Delta p'$，即泵吸入口到油层中部这段液柱在正常生产条件下产生的压力降，等于渗流特性曲线上的流压与泵吸入口处的压力差（A-B）；

（4）$Q_{IPR} = Q_泵$（C 点），即地层产液量体积（Q_{IPR}）和泵抽排液体积（$Q_泵$）必须相等。

一口井必须满足以上四个协调条件才能正常生产。而一口生产稳定的油井，必须满足上述条件，若暂时不满足，很快会自动协调到工作点。

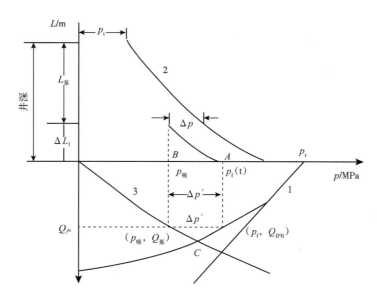

图 3-6　井泵参数选择的协调原理

1—IPR 曲线；2—H—p_t 曲线；3—$p_吸$—η 曲线

2. 抽汲参数选择

合理的泵径是地层与井筒协调生产的关键因素。由泵排量可得泵径：

$$D = \left(\frac{Q}{1.131 \times 10^{-3} SN\eta_{\text{V}}} \right)^{1/2} \qquad (3\text{-}2)$$

式中　Q——泵排液量，m^3/d；

D——泵径，mm；

S——冲程，m；

N——冲次，min^{-1}；

η_{V}——泵效。

根据我国抽油机、抽油杆、抽油泵的制造水平，其推荐值为 SN=20~40（m/min）。且在进行抽油泵径的选择时，应充分发挥抽油机的能力，但同时应考虑抽油系统工作时动载过大，通常要求：

$$\begin{cases} SN = 20 \sim 40\text{m} / \text{min} \\ \dfrac{N}{N_{\text{o}}} < 0.35 \text{或} N < \dfrac{26145}{L_{\text{p}}} \end{cases} \qquad (3\text{-}3)$$

式中　N_{o}——抽油杆自然振动频率，min^{-1}；

L_{p}——抽油杆长度，m。

3. 泵挂深度确定

在泵内压力低于饱和压力的情况下，泵内存在油、气、水三相。在忽略余隙体积影响的情况下，泵的充满系数可用式（3-4）表示：

$$\beta = \frac{V_{\text{o}} + V_{\text{w}}}{V_{\text{o}} + V_{\text{w}} + V_{\text{g}}} \qquad (3\text{-}4)$$

式中　β——泵的充满系数；

V_{o}，V_{w}，V_{g}——泵内的油、水、自由气的体积，m^3。

以进泵单位液体为基准，忽略气体在水中的溶解，式（3-4）中的油、气、水各项可由式（3-5）和式（3-6）表示：

$$V_g = (1 - f_w)(R_p - R_s)B_g \quad\quad (3-5)$$

$$V_o + V_w = 1 \quad\quad (3-6)$$

式中　R_p——经泵生产气油比，如果套管不放气，也不装气锚，R_p即为全井地
　　　　　　面生产气油比，m^3/m^3；

　　　f_w——体积含水率；

　　　R_s——泵内原油溶解气油比，m^3/m^3；

　　　B_g——天然气体积系数。

则泵内沉没压力p_{in}小于泡点压力p_b条件下的充满系数可表示为：

$$\beta = \cfrac{1}{1 + (1 - f_w)(R_p - R_s)B_g} \quad\quad (3-7)$$

假设不同的沉没压力，即可获得充满系数与沉没压力的关系曲线，如图3-7所示。

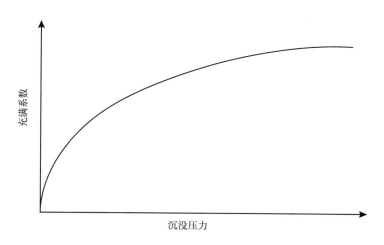

图 3-7　充满系数与沉没压力关系曲线

　　为了克服液流进泵阻力及减少游离气的影响，必须保持足够的沉没度才能得到较高的泵效。然而过大的沉没度不但不会提高泵效，有时反而会使泵效降低。这是因为一方面在动液面一定的情况下，增大沉没度就必须增加下泵深度，

使冲程损失增加；另一方面，增大沉没度后增加了原油中溶解气量，溶解气在地面脱出后将引起原油的体积收缩，使地面产量减少。所以，在动液面深度一定的条件下，并不是沉没度越大越好，而是有一个合理的界限。

4. 抽汲参数对井下气液分离器分气效果的影响

对于高气液比井，一般需下井下气液分离器降低进泵气量。抽汲参数不同，井下气液分离器分气效果不同。

图 3-8 为沉没压力 2MPa，冲程 3m 时组合气锚分气效率与冲次的关系曲线。随着冲次的增加，组合气锚分气效率逐渐增加；当冲次为 $3min^{-1}$ 时，分气效率达到最大；继续增加冲次，分气效率略有下降。当冲次一定时，随着气液比开始提高，分气效率提高，但气液比 $200m^3/t$ 和气液比 $400m^3/t$ 时差距不大。总体上来看组合气锚分气效率在 85% 以上，其中冲次 $3min^{-1}$ 时分气效率最佳。

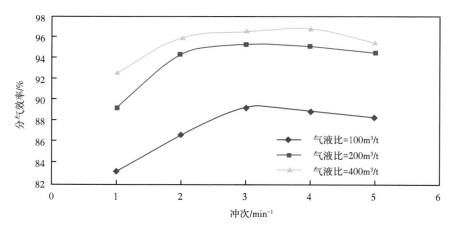

图 3-8　冲次对分气效率的影响

图 3-9 为冲次为 $3min^{-1}$，冲程为 3m 时组合气锚分气效率与沉没压力的关系曲线。随着沉没压力的增加，分气效率增加，但到 3MPa 以后，分气效率增加缓慢。在沉没压力一定时，气液比增加分气效率增加，但气液比超过 $200m^3/t$ 时，分气效率增加缓慢。

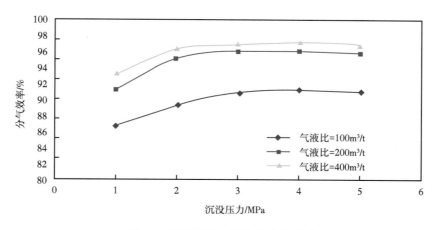

图 3-9　沉没压力对分气效率的影响

三、机抽系统设计

抽油杆柱的组合尺寸直接影响到抽油系统的效率，经济安全合理地设计抽油杆柱，其技术关键在于正确地计算各级杆柱的载荷[2]。

1. 强度条件

美国石油协会（API）推荐用 Goodman 应力修正图[3] 来计算抽油杆的最大许用应力（图 3-10），图 3-10 中的纵坐标为抽油杆柱的最大应力 $\sigma_{\max}$，横坐标

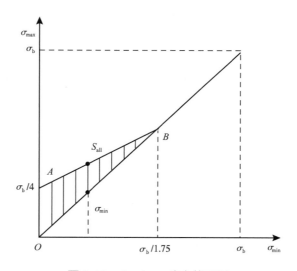

图 3-10　Goodman 应力修正图

为最小应力 $\sigma_{\min}$。图中 AB 线为抽油杆的最大许用应力范围，AB 线的斜率为 0.5625，OB 线为最小应力范围。图中阴影部分为抽油杆应力允许使用的安全区，根据各级杆的最小应力，就可以查出许用最大应力，或用式（3-8）计算第 i 级抽油杆柱上端的许用应力。

$$[\sigma_{\max}] = \left(\frac{\sigma_b}{4} + 0.5625\sigma_{\min}\right)SF \qquad (3-8)$$

式中　$[\sigma_{\max}]$——许用最大应力，N/m^2；

　　　$\sigma_{\min}$——实际工作最小应力，N/m^2；

　　　σ_b——抽油杆的最小抗拉强度，N/m^2；

　　　SF——工作介质常数，即考虑到液体腐蚀性因素而附加的系数。

2. 悬点载荷计算

API 公式是美国中西部研究所利用模拟电子计算机进行大量研究后于 1967 年提出的，用于计算悬点最大载荷、最小载荷、柱塞冲程比、曲柄轴最大扭矩和光杆功率等。

基本假设：（1）常规型游梁式抽油机；（2）相对低转差率的电动机；（3）上粗下细的多级杆；（4）井下摩擦正常；（5）泵完全充满液体；（6）油管锚定；（7）抽油机完全平衡。

悬点最大载荷、最小载荷计算公式：

$$W_{\max} = W_{rf} + (F_1/SK_r) \times SK_r \qquad (3-9)$$

$$W_{\min} = W_{rf} - (F_2/SK_r) \times SK_r \qquad (3-10)$$

$$W_{rf} = W_r\left(1 - \frac{\rho_f}{\rho_r}\right), \quad SK_r = \frac{S}{E_{ri}\sum\limits_{j=1}^{i}L_j}, \quad E_{ri} = \sum\limits_{j=1}^{i}\left(E_{rj}L_j \bigg/ \sum\limits_{k=1}^{i}L_k\right)$$

式中　$W_{\max}$——光杆最大载荷，kN；

　　　$W_{\min}$——光杆最小载荷，kN；

W_{rf}——抽油杆浮重，kN；

F_1——最大载荷系数，是液柱载荷与上冲程最大动载荷之和，kN；

F_2——最小载荷系数，即下冲程最大动载荷，kN；

SK_r——将抽油杆拉伸一个光杆冲程长度所需的载荷，kN；

W_r——抽油杆柱在空气中的重力，kN；

ρ_r——液体密度，t/m³；

ρ_f——抽油杆密度，t/m³；

E_r——抽油杆弹性常数，kN⁻¹；

L——弹性系数为 E_r 的抽油杆长度，m。

F_1/SK_r、F_2/SK_r 是量纲为 1 的系数，其大小取决于抽油系统的两个参数 $(N/N_0)_i$ 和 F_0/SK_r，可从图 3-11 和图 3-12 查得。

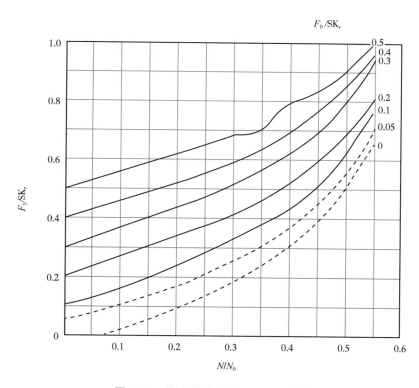

图 3-11　最大载荷 F_1/SK_r—N/N_0 曲线

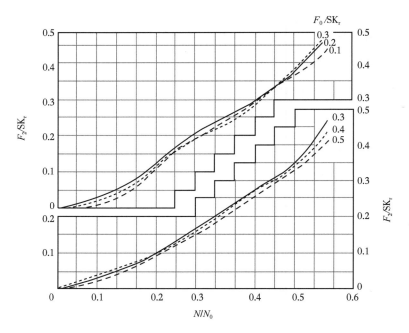

图 3-12　最小载荷 F_2/SK_r—N/N_0 曲线

N/N_0 是抽油杆实际冲次和基于抽油杆柱的一阶自振频率算出的冲次之比。

$$\left(N/N_0\right)_i = \frac{n\displaystyle\sum_{j=1}^{i} L_j}{15a} \qquad (3\text{-}11)$$

F_0/SK_r 是抽油杆柱静变形和光杆冲程之比。

$$F_0/SK_r = \frac{\lambda_{ri}}{S} = \frac{W_{Li}\,E_{ri}\displaystyle\sum_{j=1}^{i} L_j}{S} \qquad (3\text{-}12)$$

$$W_L = (f_p - f_r)\rho_L g \sum_{j=1}^{i} L_j \qquad (3\text{-}13)$$

式中　W_L——柱塞上端液柱载荷，kN；

　　　η——抽油杆机实际冲次，min^{-1}；

　　　a——声波在抽油杆柱中的传播速度，m/s；

λ_r——抽油杆柱因增载的伸长量，m；

S——抽油机冲程，m；

f_p——柱塞截面积，m^2；

f_r——抽油杆截面积，m^2；

ρ_L——液体密度，t/m^3；

g——重力加速度，取 $9.81m/s^2$。

3. 杆柱设计方法

等应力幅准则综合考虑了最大应力和最小应力差值对抽油杆的影响，较最轻杆柱准则更为安全合理[4]。

$$\frac{\sigma_{\max i} - \sigma_{\min i}}{[\sigma_{\max}]_i - \sigma_{\min i}} = K(常数) \leqslant 1 , \quad 1 \leqslant i \leqslant N-1 \qquad （3-14）$$

$$\frac{\sigma_{\max N} - \sigma_{\min N}}{[\sigma_{\max}]_N - \sigma_{\min N}} \leqslant K \qquad （3-15）$$

式中　$\sigma_{\max}$——实际工作最大应力，N/m^2；

$\sigma_{\min}$——实际工作最小应力，N/m^2；

$[\sigma_{\max}]$——许用最大应力，N/m^2；

K——等应力幅。

等使用系数杆柱设计方法的设计过程如下（图 3-13）：

（1）选择抽油杆的级别，确定其抗拉强度；

（2）初设每级抽油杆的长度，长度之和为下泵深度；

（3）使用 API RP 11L 法求出光杆最大载荷 $W_{\max}$，光杆最小载荷 $W_{\min}$，求出顶部抽油杆的实际使用系数 S_{fact}，并以此作为每级抽油杆的实际使用系数；

（4）求出每级抽油杆在此实际使用系数下的最小应力 $\sigma^*(i)$，从而求出每级抽油杆的设计长度；

（5）比较每级抽油杆前后两个长度，如果误差明显，就拿计算出来的每级抽油杆的长度作为新的假设长度来重复计算，直到每级抽油杆的假设长度与计算长度的误差小于给定误差且杆总长等于泵挂深度。

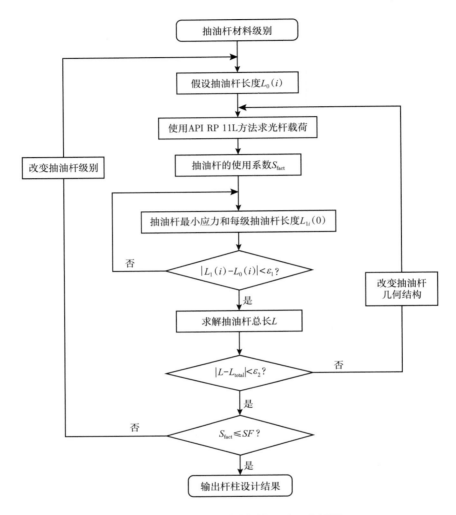

图 3-13 等使用系数法杆柱设计程序框图

第三节　举升工艺设计

一、井筒流态分析及对泵效的影响

1. 气液两相流流型

垂直管中气液两相向上流动时，一般公认的典型流型有泡状流、段塞流、过渡流和环状流（图 3-14）[5]。

1）泡状流

当气液两相混合物中含气率较低（压力略低于原油饱和压力）时，气相以分散的小气泡分布于液相中，在管子中央的气泡较多，靠近管壁的气泡较少，小气泡近似球形。气泡的上升速度大于液体流速，而混合物的平均流速较低。

2）段塞流

当含气率增加，气体不断膨胀，小气泡会相互碰撞聚合从而形成大气泡，大气泡占据了大部分管子截面，形成一段液一段气的结构，在两个气段之间夹杂着小气泡与向上流动的液体段塞。

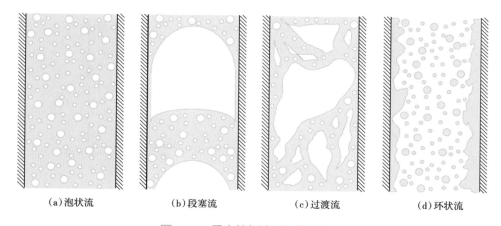

(a)泡状流　　　(b)段塞流　　　(c)过渡流　　　(d)环状流

图 3-14　垂直管气液两相典型流型

3）过渡流

当含气率进一步增大时，液相从连续相过渡到分散相，气相从分散相过渡到连续相，气体连续向上流动并举升液体，有部分液体下落、聚集，而后又被气体举升，呈现混杂的、振荡式的液体运动特征。

4）环状流

当含气率更大时，气弹汇合成气柱在管中流动，通常总有一些液体被夹带，以小液滴形式分布在气柱中。液体沿着管壁成为一个流动的液环，这时管壁上有一层液膜。

2. 流型图

目前国内外出现了多种判别流型的流型图与流型转换经验公式，但大多数流型图都是基于不同流动介质在一定参数范围内的实验结果而绘制的，因此每一流型图或流型转换公式均在一定的条件下成立。这里采用 Aziz 的流型图预测抽油杆和油管环空的流型（图 3-15）[6]。

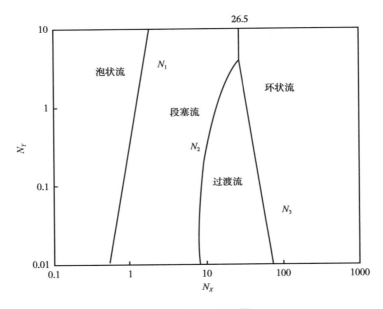

图 3-15　Aziz 流型图

N_X——气相表观流速；N_Y——液相表观流速；N_1，N_2，N_3——各流型转换界限曲线

Aziz 流型图中流型的变化取决于变量 N_X 与 N_Y，其计算表达式为：

$$N_X = 3.28 v_{sg} \left(\frac{\rho_g}{\rho_{air}} \right)^{1/3} \left(\frac{\rho_l \sigma_w}{\rho_w \sigma_l} \right)^{1/4} \tag{3-16}$$

$$N_Y = 3.28 v_{sl} \left(\frac{\rho_l \sigma_w}{\rho_w \sigma_l} \right)^{1/4} \tag{3-17}$$

流型图中各流型转换界限曲线计算式分别为：

$$N_1 = 0.51 \left(100 N_Y \right)^{0.172} \tag{3-18}$$

$$N_2 = 8.6 + 3.8N_Y \qquad (3-19)$$

$$N_3 = 70(100N_Y)^{-0.152} \qquad (3-20)$$

式中　v_{sg}——气相表观流速，m/s；

　　　v_{sl}——液相表观流速，m/s；

　　　ρ_g——流动状态下气相的密度，kg/m^3；

　　　ρ_{air}——标准状态下空气的密度，kg/m^3；

　　　ρ_l——流动状态下液相的密度，kg/m^3；

　　　ρ_w——标准状态下水的密度，kg/m^3；

　　　σ_l——流动状态下液相的表面张力，N/m；

　　　σ_w——标准状态下水的表面张力，N/m。

3. 气液两相上升流流型预测

根据试验基地基本参数：井深 2500m，油管内径 62mm，含水率 60%，油压 1MPa。按照 Orkiszewski 方法计算的抽油杆与油管环空的流型分布见表 3-1。抽油杆和油管环空主要为泡状流和段塞流；在相同气液比条件下，随着产液量的增加，泡状流与段塞流的界限逐渐增加，即井筒逐渐由泡状流转变为段塞流为主。考虑泵挂深度 2000~2500m，泵入口主要是泡状流和段塞流。

4. 气体对泵效的影响

CO_2 驱采油井生产过程中，气体是影响抽油泵泵效的主要因素之一。抽油泵在抽汲过程中，泵腔内存在游离气、溶解气和凝析气。泵上冲程时，若泵腔内的压力低于气体溶于液体的饱和压力，溶于液体中的气体就会从液体中分离出来。当泵腔内的温度低于原油中某些组分的临界温度时，压力的降低还会引起这些液态组分部分地向气态转化，成为凝析气。这些气体占据泵腔的部分体积，会降低泵的充满度，从而降低了泵效。泵下冲程时，泵腔内气液两相流体被压缩，直到泵腔内压力大于游动阀上部的压力时，游动阀才打开，将泵腔内的原油排出。含气油井中的抽油泵阀球一般都会开启滞后，当在泵腔内的气体所占据的体积足够大时，不但下冲程时游动阀打不开，甚至上冲程时固定阀也有可能打开，整个上、下冲程中只是腔内气体在膨胀和压缩，而没有液体举升，此时抽油泵出现"气锁"现象，无法正常工作[7]。气锁时还常会发生"液压冲击"，造成有杆抽油系统的振动，并加速损坏。

表 3-1 井筒内气液两相流流型预测

气液比 / m³/m³	不同产液量下两相流界限 /m											
	2m³/d		5m³/d		8m³/d		10m³/d		15m³/d		20m³/d	
	泡状流	段塞流	泡状流	段塞流	泡状流	段塞流	泡状流	段塞流	泡状流	段塞流	泡状流	段塞流
50	—		—		—		—		100		300	
100	—		—		200		300		500		900	
150			200		400		600		1000		1600	
200			300		600		900		1600		2500	
300	100		600		1200		1700		2500		2500	
400	200		1000		1900		2500		2500		2500	

注：（1）表中为两相流界限深度，"—"代表无泡状流与段塞流界限，如产液量 2m³/d，气液比为 300m³/m³ 时，泡状流和段塞流的界限为 100m，即井筒内 0~100m 为段塞流，100~2500m 为泡状流；

（2）黄色部分代表泡状流和段塞流的界限，红色代表只有段塞流。

抽油泵泵效为：

$$\eta_p = \frac{S_{eff} - L_b}{S(m+1)} = \frac{1 - (L_g/S)\left[(p_d/p_0)^{1/\gamma} - 1\right] - L_b}{m+1} \quad (3-21)$$

式中 η_p——抽油泵泵效，%；

L_b——泵内凝析气所占据的一部分冲程长度，m；

L_g——泵内溶解气所占据的一部分冲程长度，m；

γ——流体相对密度；

p_d——泵排出口压力，MPa；

p_0——泵的吸入压力，MPa；

S——泵的冲程，m；

m——泵吸入口气液比，m³/m³；

S_{eff}——泵的有效冲程长度，$S_{eff}=S-L_g\left[(p_d/p_0)^{1/\gamma}-1\right]$，m。

由式（3-21）可知，对于气液比 m 足够大（即 $m\rightarrow\infty$）或有限的气液比，分子趋于 0 时，泵将不泵送液体，此时就发生气锁。

在上冲程中，如果在固定阀与游动阀之间有圈闭的气体，且膨胀后不能使降低的压缩腔压力低于泵的吸入压力，固定阀不能打开，泵即发生气锁。根据式（3-21），有：

$$p_{us} = p_d \left[L_g / \left(L_g + S \right) \right]^\gamma \approx p_h \left[L_g / \left(L_g + S \right) \right]^\gamma > p_0 \qquad (3-22)$$

或

$$p_h / p_0 > \left(1 + S / L_g \right)^\gamma \qquad (3-23)$$

式中　p_{us}——柱塞在上死点位置时，压缩腔内的压力，MPa；

　　　p_h——油管内的液柱压力，MPa。

当式（3-22）成立时，泵在上冲程时发生气锁。

在下冲程中，压缩腔内的压缩压力为：

$$p_{Dx} = \frac{p_0 \left[(1-f)S + L_g \right]^\gamma}{\left(x + L_g - fS \right)^\gamma} \qquad (3-24)$$

式中　p_{Dx}——柱塞在下冲程的 x 位置时，压缩腔内的压力，MPa；

　　　f——泵内液体扫过的体积充满度。

由此可得：

$$\frac{p_h}{p_0} = \left[\frac{(1-f)S + L_g}{L_g - fS} \right]^\gamma = \left(1 + \frac{S}{L_g - fS} \right)^\gamma \qquad (3-25)$$

当泵的排出压力低于油管内的液柱压力（即 $p_h > p_d$）时，游动阀不能打开，即当式（3-25）成立时，泵在下冲程时发生气锁。

提高含气油井的抽油泵泵效措施主要包括以下八点：

（1）降低 p_d/p_0。常规泵的排出压力 p_d 由下泵深度决定，只有提高泵的吸入压力 p_0，即增加泵的沉没度，才会提高泵效。但随着沉没度的不断增加，会加剧凝析气的产生，即会加大 L_b，所以有一个最佳沉没度；另外，随着沉没度的不断增加，还会因冲程损失及漏失的可能性增加而降低泵效。

（2）加大冲程 S，提高抽油泵的压缩比。

（3）降低冲次 n。随着冲次的降低，泵腔内的压力变化速度就会减慢，腔内从原油中分离出的溶解气和凝析气就会减少，L_g 和 L_b 都会减小。同时，每一冲程的排油时间就长，油气在进泵前就会有较长的分离时间，减少了进入泵腔的气体。

（4）降低进入泵腔内的油气比 m。采用具有尽可能大的过流面积的高性能井下油气分离器（或气锚），能降低进入抽油泵的游离气体。

（5）减小余隙容积。坐泵后，要使游动阀与固定阀在冲程的下死点位置时尽可能接近而又不发生碰撞，即坐泵后上提防冲距要尽可能小，从而提高抽油泵的压缩比。

（6）设计合理的流道。增加阀座孔面积、改善流道。阀座孔面积较大，入口处油流阻力就小，同时阀球开启瞬间的过流面积较大，也提高了进油效能；进油阀的流道阻力小，也能减少泵腔内的气体分离，从而提高充满度。

（7）定期放掉套管气。这有利于油套环空间井液溶解气的分离，降低进入泵腔前井液的气液比，从而提高泵效。

（8）采用特殊结构的防气抽油泵。包括对游动阀、固定阀、腔体结构、压缩方式的改进，以及采用在上（或下）死点附近放气的方式来达到既能防止气锁、又能提高泵效的目的。

二、举升管柱设计

1. 常规防气管柱

井下防气管柱的关键在于泵入口气液比的控制和油套环空气柱的处理。一般情况下，泵入口气液比的控制方法有多种，目前主要采用井下气液分离器与标准泵配合使用，也可采用气液分离器与防气泵配套实现二级串联防气。油套环空气柱的处理一般采用控套阀定压放气进外输管线或近井口安装气举阀使环空气柱返注入油管两种。由此组合形成了常用的两种井下防气管柱。

1）井下气液分离器 + 控套阀配套

油层生产出的气液混合物经井下气液分离器分离后，气体进入油套环空并聚集成高压气柱，当压力达到控套阀设计压力时，环空内气体被排出到输油管线；液体进入油管被泵抽到地面。该管柱的入泵气液比控制主要通过生产气液比有针对性地优选不同井下气液分离器来实现，当井下气液分离器的分气效果不理想时，可采用防气泵降低入泵气体对泵效的影响（图 3-16）。

2）井下气液分离器 + 气举助抽

该管柱同样采用井下气液分离器控制入泵气液比，近井口采用气举阀处理环空高压气体：当环空套压高于气举阀打开压力时，气体通过气举阀进入油管，降低油管内流体的密度，实现携液举升；当套压低于气举阀打开压力时，气举阀关闭，同时由于单流阀作用，油管内流体不能进入环空。这样既使地层气能量得到利用，又实现套压合理自动控制，使系统始终处于动态平衡过程（图 3-17）。

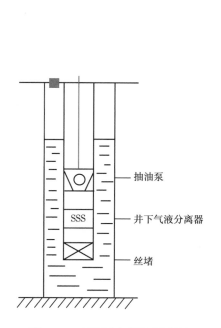

图 3-16　井下防气管柱示意图

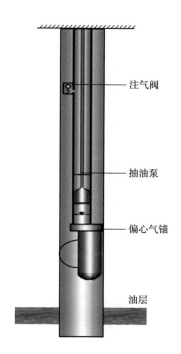

图 3-17　气举助抽

2. 自喷工艺管柱

该管柱在杆式泵支撑装置下直接安装激光割缝筛管，使泵筒与油管之间的环空与油套环空连通，改变了气液混合流体的流动方向。激光割缝筛管、油管、杆式泵泵筒三者组合成了一套重力气锚。激光割缝筛管是重力气锚的进液孔和排气孔，杆式抽油泵泵筒是重力气锚的中心管。含气液体经过激光割缝筛管进入杆式泵与油管的环空，沿泵筒向下流动，逸出的气体向上浮动，从激光割缝筛管排到油套环空。液体从杆式泵底部眼管进入杆式泵，沿杆式泵向下流动时，气体不再聚集，从而消除了气体对杆式泵的影响，达到提高抽油泵效和产量的目的。当具备自喷能力时可将杆式泵上提，杆式泵泵筒与油管环空形成自喷通道，实现自喷（图3-18）。

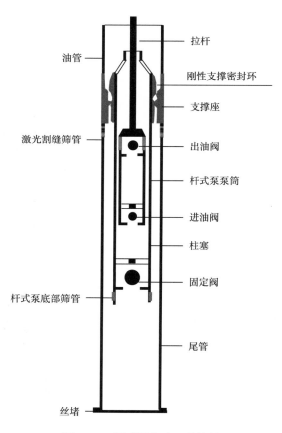

图3-18　杆式泵自喷工艺管柱

三、抽油泵选择

1. 标准抽油泵选择

标准抽油泵选择见表 3-2。可根据井况合理选择标准抽油泵 [8]，在一定范围内起到防气和防腐的效果。

表 3-2　标准抽油泵选择表

泵挂深度 /m	< 900				900~1500				1500~2100			
	杆式泵			管式泵	杆式泵			管式泵	杆式泵			管式泵
	定筒式		动筒式		定筒式		动筒式		定筒式		动筒式	
井况	顶部固定	底部固定			顶部固定	底部固定			顶部固定	底部固定		
斜井	A	C	—	A	A	C	—	A	A	C	—	B
高液量	—	—	B	A	B	B	A	A	A	C	A	B
低液面	A	—	—	—	A	B	—	—	A	B	—	—
直井	A	B	B	B	B	A	A	C	A	B	A	B
中含砂	A	—	C	C	A	—	C	B	A	—	B	C
高含砂	A	—	C	C	A	—	C	B	A	—	C	C
盐	A	C	A	B	A	C	A	A	A	A	A	A
H₂S	C	B	B	B	C	A	B	A	—	B	A	B
CO₂	B	B	B	B	B	A	A	A	C	A	A	B
中含砂和中腐蚀	A	C	C	B	A	B	B	B	B	A	A	C
高含砂和高腐蚀	A	—	C	—	A	—	C	B	B	A	A	C
黏度为 20~400mPa·s	A	A	A	A	A	A	A	A	A	A	A	A
黏度大于 400mPa·s	A	A	C	A	A	A	C	B	A	A	—	C

注：A 为最佳应用，B 为广泛应用，C 为时常使用，"—" 为不推荐使用。

2. 防气抽油泵

1）环形防气抽油泵

环形防气泵在常规泵的基础上，增加了环形防气阀装置，环形防气阀、游动阀和固定阀将泵分成上、下两个腔室，环形阀球套在拉杆下，以较小的间隙配合。下冲程时环形阀在连杆的带动下及时关闭，并承受液柱压力，环形阀和活塞之间的空间增大，压力迅速降低，下游动阀迅速打开，上泵腔进油。上冲程时环形阀在拉杆的带动下及时打开，下游动阀迅速关闭，上泵腔排油，固定阀打开，原油进入下泵腔，如图 3-19 所示。

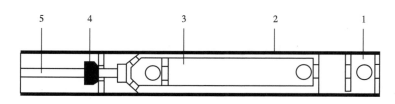

图 3-19　环形防气泵结构示意图

1—固定阀；2—泵筒；3—活塞；4—环形阀；5—连杆

2）中排气防气泵

中排气防气泵与常规抽油泵的不同之处在于泵筒中部开有排气孔。上冲程时游动阀关闭，固定阀打开，油气进入泵筒，当柱塞下端经过排气孔后，泵筒与油套环空连通。气体通过排气孔排到油套环空，环空内的液体也就通过排气孔进入泵筒，提高泵的充满程度，防止气锁，提高了泵效。由于泵筒中部开有排气孔，柱塞的长度比下泵筒长，下冲程时，排气孔被柱塞密封，此时中排气防气泵与普通抽油泵的工作原理相同，不同之处在于中排气防气泵在上冲程将结束、下冲程将开始的较短时间内，柱塞让出排气孔，起到防气、排气的作用。另外，排气孔在作业时可起到泄油器的作用，减少环境污染（图 3-20）。

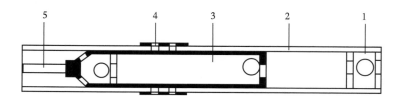

图 3-20　中排气防气泵结构示意图

1—固定阀；2—泵筒；3—活塞；4—排气孔；5—连杆

3）中空防气泵

中空防气泵的两泵筒间有一换气腔。上冲程时，当柱塞下端离开下泵筒并进入中空管时，中、下腔室连通，泵内井液中的气体上升，直至上冲程结束。下冲程时，当柱塞的上端进入中空管时，中空管便与油管连通，这时存在于中空管内的气体上逸，同时中空管被井液充满，直至下冲程结束，这样便完成了一个抽汲过程。中空管的设置给泵内气体开了通道，从而增加了工作筒内液体的充满系数，降低了泵内的气液比，排除了气体的干扰，有利于泵效的提高（图 3-21）。

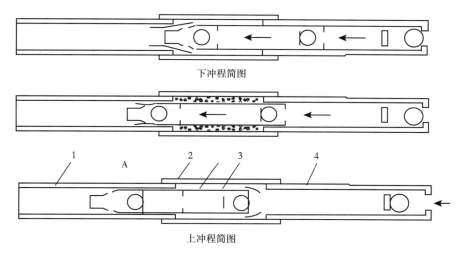

下冲程简图

上冲程简图

图 3-21　中空防气泵工作示意图

1—上泵筒；2—中空气室结构；3—活塞；4—下泵筒

4）置换式高效防气泵

置换式高效防气泵泵筒中部设计有排气接箍，游动阀下部设计有速开阀。上冲程时，游动阀和速开阀关闭，固定阀开启，油液进入泵筒内，此时，排气接箍环空与泵上腔室连通，环空内充满油液；当柱塞上行超出排气接箍时，排气接箍环空与泵下腔室连通，环空内油液与下腔室中气体发生置换。下冲程开始时，固定阀关闭，柱塞封住排气接箍，将环空与泵下腔室分隔开来，此时，由于下腔室内油液充满度高，速开阀和出油阀得以迅速打开完成排油。另外，速开阀下部为凹球面结构，受油流冲击时，所受动能是凸球面的数倍，使得速开阀能够迅速开启并同时强制顶开上部阀球，缩短了开启时间，减少了柱塞有效冲程损失和气体对球阀的影响。当柱塞下行超出排气接箍时，排气接箍环空与泵上腔室连通，环空内存储的气体与泵上油液再次发生置换，如此周而复始，重复循环。由于采用了进油阀和速开阀组成的双进油阀结构，即使其中一个阀因砂粒和杂物垫在密封面上造成坐封不严，还有另外一个阀作保障，避免了高压油流刺坏阀座、阀球的现象，减少了漏失，提高了泵的可靠性，延长了检泵周期（图 3-22）。

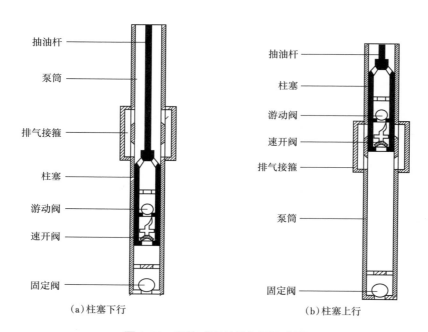

图 3-22　置换式高效防气泵示意图

四、气液分离器选择

大量资料表明，对于高气液比井，国内外还是主要采用常规有杆泵抽油系统，使用井下气液分离器（也称气锚）。目前，各油田使用的气锚种类很多，从分离原理上可分为重力作用式和离心力作用式。重力式气锚是利用油气密度的差异，小气泡向上运动聚积形成大气泡，经气锚上部孔眼排出；原油向下运动，经内管进入抽油泵。离心力作用式气锚是利用油气混合液在气锚内旋转流动，油气的密度不同，离心力也不同，气泡在内侧流动，液体在外侧流动，这种气锚以螺旋式气锚为代表。从分气效果上来看螺旋式气锚优于重力式气锚，针对气量超过螺旋气锚处理量的情形可以采用组合式气锚，进一步提升分气效率。

1. 重力气锚

重力气锚类型较多，下面简要介绍国内应用效果较好的偏心式气锚和多杯等流型气锚。

偏心式气锚（图 3-23）以偏心环流理论及缝隙流相关理论为基础，优化气体分离工具的结构参数，改变进泵流体的循环路线，利用偏心流道压降及速度分布差异的特点，提高气液分离效率，达到提高泵效的目的。

当油管被压向套管一侧时形成偏心环空，气体将优先在环空较大的一侧内流动，由于两根管子几乎接触，流经狭窄部分的液体密度较高。液体从窄侧流入宽的高速侧，同时上行一段距离，产生流体连续循环，此时气体逸出，流体流向窄侧，环空窄侧近旁的流体在其自身的流体静压头引导下向下流动，最后再被吸入环空的宽侧。在流体的循环流动中，实现了气液的主要分离，而偏心气锚的进液孔设置在窄侧，故进入气锚内的流体的含气量很小，进入气锚内的流体再经过一次重力分离后由心管进入抽油泵，气体则经排气孔排入油套环空。

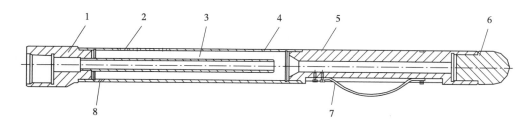

图 3-23　偏心气体分离器

1—偏心接头；2—进液孔；3—心管；4—外管；5—弓形簧座；6—堵头；7—弓形簧；8—排气孔

多杯等流型气锚（图 3-24）主要是利用油气的密度差异，气泡在采出液中受到浮力的作用向上运动，从液体中分离出来。多杯等流型气锚在吸入孔外设计有沉降杯，当吸入采出液时，液体会从油套环形空间沿着沉降杯向下流动进入吸入孔，采出液里的气体由于受到浮力作用而向上运动，从而达到油气分离的目的。此外，通过增加沉降杯的个数可以延长气液两相混合液在沉降杯中的滞留时间，使气体更充分地与液体分离，从而达到提高气液分离效率的目的。

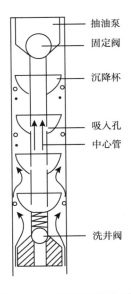

图 3-24　多杯等流型气锚

2. 螺旋式气锚

螺旋式气锚（图 3-25）是一种利用离心分离和紊流化使气泡聚合的原理，最大限度地利用套管截面积来降低油气进泵前的回流速度[9]，增强"回流效应"分气作用的新型油气分离器。当含气油流沿封隔器下部的尾管经桥式连接筒进入分离器环形空间后，通过中心管外部的螺旋片使油气高速旋转流动。由于紊流化和离心分离作用，加速了小气泡的聚合并且不同密度的流体离心力不同，这样使得密度较小的被聚合的大气泡沿螺旋内侧流动，而密度较大的带有未被分离小气泡的液流则沿外侧流动。沿内侧流动的大气泡又不断聚合，并上升至螺旋顶部聚集后形成"气帽"，气体以连续气流从上接头顶部的排气孔排至油套管环形空间。含有小气泡的液流上升至分离器上部带孔段时，便通过孔眼被甩到油套管环形空间。由于在环形空间内液流速度突然降低，其中所带的一部分气泡将上浮而直接被分离进入分离器上部的油套管环形空间；另一部分直径较小的气泡虽然被带入环形空间，但它们并不随液流立即进入吸入管，在下冲程中，泵停止吸入时，套管与泵筒的环形空间中液流速度为零时，它们其中一部分便上浮至分离器上部的油套管环形空间，这样便又充分利用了液流的"回流效应"。最后，只有少部分小气泡在上冲程被液流携带经桥式连接筒的吸入口沿中心管进入泵内，达到油气分离的目的。

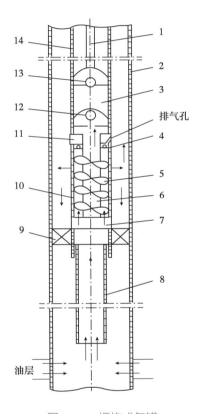

图 3-25　螺旋式气锚

1—抽油杆；2—套管；3—泵筒；4—排气阀；5—螺旋片；6—中心管；7—桥式连接筒；
8—尾管；9—封隔器；10—分离筒；11—上接头；12—固定阀；13—游动阀；14—油管

3. 组合气锚

组合式气液分离器（图 3-26）底部是重力式分离器，顶部是螺旋式分离器。上冲程时，混合液体沿分离器与套管间环空上升到达进液孔时，由于换向作用，密度小、不易换向的部分大直径气泡继续向上运动进入油套环形空间，砂子则沉入井筒底部沉砂口袋中，形成第一次分离。第一次分离后，上冲程时沿重力分离段外管和中心管间环空下行的流体，经过多级分离杯的分离，液体沿中心管上行，气体积聚在环空中；下冲程时，抽油泵停止进液，积聚在环空中的气体上行并从进液孔进入油套环空，砂粒则沉降进入下部沉砂管中，形成第二次分离。上冲程时，沿重力分离段中心管上行的含少量气泡的液体进入螺旋分离段，由于螺旋叶片的导向而强迫进行离心运动，密度较大的液体进入螺旋段四周最后经泵排出，密度小的气体在螺旋心管中积聚；下冲程时，中心管中的气体在密度差的作用下上行并顶开排气阀进入油套环空，形成第三次分离。

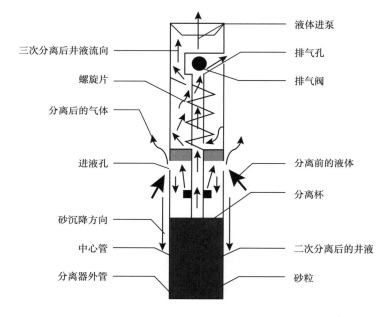

图 3-26　组合式气液分离器

第四节　采油井生产维护及管理

一、采油井监测

由于 CO_2 驱采油井具有气液比高、套压高、CO_2 含量高等特点，影响油井的正常生产，因此 CO_2 驱采油井监测尤为重要。根据 CO_2 驱特点及腐蚀性，需要对套压、气液比、CO_2 含量、动液面、示功图等参数进行监测。

1. 套压

CO_2 与水接触具有腐蚀性，压力是影响 CO_2 腐蚀速率的关键因素，对 CO_2 驱采油井压力监测不仅有利于生产参数调整，更加重要的是能够及时控制套压、分析井下腐蚀情况。套压升高后一方面导致井底流压升高，使油井供液能力降低；另一方面导致套管气中 CO_2 分压升高、油套环空液体溶入 CO_2 气体量升高，导致油套环空腐蚀加剧。因此研究分析 CO_2 驱采油井套压的变化是十分重要的。

压力监测是通过井口安装压力表进行监测的。在 CO_2 驱生产过程中，要求每天进行套压监测，绘制套压变化曲线，这样对比不同时期的压力，可以比较简单而又直观地了解和掌握 CO_2 驱采油井套压变化规律，及时调整工作制度。

2. 气液比

当油中含有游离气体时，对深井泵的工作效率有很大的影响。气体占据泵筒的部分体积后，降低了原油的充满系数，同时，气体是可压缩的，在活塞上冲程、下冲程中导致固定阀打开滞后和游动阀关闭滞后，使深井泵排量明显减少，油井减产。严重时会发生"气锁"现象，使活塞上下冲程只起到压缩、膨胀气体的作用，固定阀和游动阀完全失效，油井不出油。有时还可能发生"气蚀"现象，泵筒中的压缩气体刺伤阀球和阀座，引起漏失，降低泵效。因此需要对 CO_2 驱采油井气液比变化进行监测。

气液比监测是通过对产气量、产液量进行监测后两参数相除得出，CO_2 驱采油井见 CO_2 气前每一周监测一次气液比，由于 CO_2 驱见气后采油井存在间断出气特点，因此需要增加监测次数，需要每天进行监测，取一周监测结果计算平均值判断实际气液比值。

3. CO_2 含量

产出气 CO_2 含量是判断 CO_2 突破的关键参数之一，同时也是分析矿场环境腐蚀程度的重要指标。未实施 CO_2 驱前产出气主要成分为烃类气体，当 CO_2 驱

后逐渐出现 CO_2 突破现象，产出气中 CO_2 含量迅速升高，油压、套压不变的情况下，由于 CO_2 所占的百分比升高，那么 CO_2 分压将升高，直接影响矿场环境腐蚀程度。

CO_2 含量是通过气相色谱仪对产出气体组成进行定性、定量分析得出，可以通过气体取样袋进行取样后在实验室进行检测，也可以通过井口安装气相色谱仪利用小直径管线将气体直接导入色谱仪中实时监测气体组分含量。

4. 动液面

动液面是判断油井产液能力的重要指标。油井动液面的测试大部分采用回音仪进行测试，根据液面高低并结合示功图等资料，可分析泵的工作状态。根据动液面的位置以及液柱的比例可以推算出油层中部的流动压力。液面越高，液柱压力越大，井底流压越高，生产压差越小，油井的产液能力越强。当动液面过高说明举升系统的排出能力偏小，不能充分发挥该井的能力，需要增大泵径和工作参数甚至改变采油方式，以提高产量。

5. 示功图

示功图是判断抽油泵工作状态的主要方法之一。示功图是反映抽油机悬点载荷随其位移变化规律的闭合图形，通过对图形的分析可以判断出抽油泵充满系数、供液、气影响、漏失、遇卡、自喷、抽油杆断脱。

二、提高油井管柱生命周期措施

油田开发过程中油层压力下降及油井含水后流压上升造成生产压差减小，就必须采用人工举升的方法，将地层原油采出地面。目前所采用的人工举升方法主要有气举、有杆泵采油、无杆泵采油。有杆泵采油常用的有抽油机有杆泵和地面驱动螺杆泵。目前 CO_2 驱主要采用的是抽油机有杆泵采油。

1. 影响油井管柱生命周期的主要因素

1）油管

油管通常是自由悬挂在油管头上的，或在油管头处悬挂并在尾管底部附近锚定。它具有拉伸性和弹性，因此易受其上载荷变化的影响和抽油杆运动的摩擦作用。如下部为锚定，在活塞上冲程时下部将是弯曲的，并且会在活塞下冲程时承受井液载荷，从而产生循环交变应力，使其管体或接头与接箍断裂。此外，如井斜过大及井液的腐蚀性强，还会造成油管漏失。

2）抽油杆

抽油杆工作时承受着按大拉、小拉规律变化的交变循环载荷，其上部应力也按 $\sigma_{大}$—$\sigma_{小}$—$\sigma_{大}$ 的规律随时间周期变化。在这种交变载荷、井斜和腐蚀等因素的作用下，抽油杆往往不是由最大拉应力而破坏，而是由金属的腐蚀疲劳和磨损破坏。现在又由于采用大泵，高抽汲速度和抽汲深度，泵充不满而引起的液击、油稠及抽油机平衡不良的影响，使得抽油杆上附加作用着较大的弯曲载荷和振动载荷，从而使其工作条件更加恶化，大大增加了故障频率。

3）抽油泵

抽油泵是在油井内含砂、蜡、水、气、CO_2 和硫化氢的条件下工作的。因此其零件极易遭受腐蚀、冲蚀和磨损而失效，从而使泵的排量降低或完全失效。特别是在深抽时，泵内的压力会高达 10~20MPa，就会使泵的漏失急剧增大。由此可见，抽油泵在井下工作时，会受到制造质量、安装质量和上述不利因素的影响，极易使泵的零件损坏和泵卡阻，造成泵漏甚至使其不能正常使用。

2.延长管柱生命周期的方法

根据 CO_2 驱特点，产出气中存在大量 CO_2 气体，因此 CO_2 驱采油井与常规油井相比需要重点考虑 CO_2 腐蚀问题。同时，由于偏磨、结蜡、地层水腐蚀等现象存在，会导致抽油杆断脱、抽油泵漏失、固定阀失效、油管漏失等问题出现，需要采取相关措施。

1）抽油杆柱的优化

抽油杆组合要根据抽油泵型号、泵挂深度等参数确定，如果抽油杆参数过大，则出现了大马拉小车情况，不仅使得系统效率较低，而且大部分井明显运行不平稳，采油过程中的振动大，管杆的伸缩大，造成了抽油杆的断脱。

2）抽油杆防偏磨

杆管偏磨降低了抽油杆的强度，易造成抽油杆断裂，磨穿油管壁，影响油井的正常工作。造成管杆偏磨的因素较多，主要有含水率、生产参数、沉没度、抽油杆、管材质、腐蚀等方面，需要采取防磨措施。

（1）优化生产参数。

由于冲程、冲次对液体通过游动阀产生的下行阻力有较大影响，在确保泵效、产液量不受影响的前提下，对抽油机井按长冲程、慢冲次、大泵径的抽油参数进行匹配，并上提泵挂，减轻载荷，减少偏磨频次，减弱偏磨程度。井口安装旋转装置改变油管与抽油杆的偏磨面，使磨损面均匀分布，从而达到延长油管使用寿命的目的。

（2）选择合理的沉没度。

对机采井来说，沉没度是一个重要的生产参数，合理的沉没度不仅可以提高泵效、节约电能，还可以减轻管杆之间的偏磨。若沉没度过小，必然导致井底流压低，液体进泵能力差，会出现供液不足的现象，从而进一步增加抽油杆的下行阻力，易发生偏磨。

（3）改善杆、管材质。

采用高强度、耐腐蚀、耐磨损的优质钢材，并对油管内壁、抽油杆及接箍外壁表层处理、增加光滑度，可以降低杆、管磨损程度。

（4）下入扶正器等防偏工具。

在抽油杆底部加加重杆，可使抽油杆杆柱中性点下移，杆受压弯曲减少，对减缓偏磨有一定效果。在偏磨段的抽油杆本体上安装一定数量的扶正器，使扶正器与油管内壁优先接触，减少杆接箍与油管内壁的接触，从而减轻偏磨程度，延长使用寿命。

3）优化泵型降低泵的漏失

CO_2驱后采油井CO_2含量升高，导致井下环境腐蚀性增强，需要应用防腐耐磨抽油泵，提高抽油泵的使用寿命。随着油田不断开发，油井出砂是不可避免的，因此需要采取防砂措施。除此之外可以通过提高注气效果，保持地层能量，稳定地层压力，提高供液能力；合理选择抽油泵，提高泵的质量，保证泵的配合间隙及阀不漏；合理选择抽油井工作参数；减少冲程损失等方法改善抽油泵的工作状态，降低泵的漏失。

4）清防蜡

蜡从原油中析出并凝结于油管、抽油泵内壁，不仅影响泵的正常工作，甚至可能出现油管堵塞，造成油井停产。目前，常用的清防蜡方法有机械清蜡、热力清蜡、化学清蜡、水基表面活性剂清蜡和微生物清蜡等 5 种清蜡方法。

（1）机械清蜡是指用专门的工具刮除油管壁上的蜡，并靠液流将蜡带至地面的清蜡方法。在自喷井中采用的清蜡工具主要有刮蜡片和清蜡钻头等。一般情况下采用刮蜡片；但如果结蜡很严重，则用清蜡钻头；结蜡虽很严重，但尚未堵死时用麻花钻头；如已堵死或蜡质坚硬，则用矛刺钻头。

（2）热力清蜡是利用热力学能提高液流和沉积表面的温度，熔化沉积于井筒中的蜡。根据提高温度的方式不同可分为热流体在井筒中循环提高井筒流体温度清蜡、热电缆随油管下入井筒中或采用电加热抽油杆的电热清蜡和利用化学反应产生的热力学能来清除蜡堵等三种方法。

（3）化学清蜡是通常将药剂从油套环空中加入或通过空心抽油杆加入，不会影响油井的正常生产和其他作业。除可以起到清防蜡效果外，使用某些药剂还可以起到降凝、降黏、解堵的作用。

（4）水基表面活性剂是含有多种成分的可生物降解的水基表面活性剂 / 湿润剂 / 乳化剂，通过形成胶团来乳化碳氢化合物，保持油中蜡块原有状态，使蜡块得以松动、抑制结蜡现象。

（5）微生物清蜡是通过食蜡性微生物和食胶质和沥青质性的微生物降低原油凝固点和含蜡量，微生物以石蜡为食物。微生物注入油井后，它主动向石蜡方向游去，猎取食物，使蜡和沥青降解，微生物中的硫酸盐还原菌的增殖，可产生表面活性剂，降低油水界面张力，同时微生物中的产气菌还可以生成溶于油的气体，如 CO_2、N_2、H_2，使原油膨胀降黏，由此达到清蜡的目的。

三、生产方式调整

CO_2 驱可以有效补充地层能量，当地层能量充足时，利用油层本身的能量就能将油举升到地面，实现自喷生产。

表 3-3 为根据表 3-1 相同参数预测的井底流压。在相同气液比条件下，增加产液量，井底流压降低，这主要是由于产液量增加，井筒逐渐由泡状流向段塞流过渡，段塞流举升效率高，使井底流压降低。同理，在相同产量下，增加气液比，井底流压同样降低。

表 3-3　井底流压预测

气油比 / m^3/m^3	井底流压 /MPa					
	$2m^3/d$	$5m^3/d$	$8m^3/d$	$10m^3/d$	$15m^3/d$	$20m^3/d$
50	23.11	22.59	22.11	21.88	21.36	20.89
100	22.64	21.49	20.66	20.14	18.92	17.72
150	22.11	20.59	19.27	18.45	16.5	14.71
200	21.71	19.67	17.97	16.81	14.25	12.05
300	20.95	18.03	15.35	13.85	10.37	7.44
400	20.21	16.35	13.15	11.34	7.05	4.91

▶▶ 参考文献 ▶▶

［1］张琪 . 采油工程原理与设计［M］. 东营：石油大学出版社，2003.

［2］崔振华，余国安，安锦高，等 . 有杆抽油系统［M］. 北京：石油工业出版社，1994.

［3］API RP 11L，Third Edition.API Recommended Practice for Calculation Sucker Rod Pumping Systems（Convention Units）［S］. 1997.

［4］吴则中，李景文，赵学胜 . 抽油杆［M］. 北京：石油工业出版社，1994.

［5］陈家琅 . 石油气液两相管流［M］. 2 版 . 北京：石油工业出版社，2009.

［6］AZIZ K，GOVIER G W，FOGARASI M. Pressure drop in wells producing oil and gas［J］. Journal of Canadian Petroleum Technology，1972，11：38-47.

[7] 辜志宏，彭慧琴，耿会英．气体对抽油泵泵效的影响及对策 [J]．石油机械，2006，34（2）：
64-68．

[8] 邬亦炯．抽油泵 [M]．北京：石油工业出版社，1994．

[9] 曲占庆，田相雷，袁世昌，等．螺旋式井下油气分离器设计与分离效果分析 [J]．石油矿场机
械，2011，40（6）：39-43．

第四章 腐蚀防护技术

干燥的 CO_2 气体本身没有腐蚀性。影响 CO_2 腐蚀的因素主要有温度、CO_2 分压、介质组成、pH 值、流速等。采用高等级耐蚀管柱、油套环空加入保护液的防腐措施，配套检测方法和保障措施，形成低成本的 CO_2 综合防腐技术模式和路线，满足工业化推广的需求。

第一节 二氧化碳腐蚀机理及评价技术

一、腐蚀介质与腐蚀机理

许多油田和气田的伴生气中均含有 CO_2，它是主要的温室气体之一，其过多排放会增加大气中温室气体的含量，对环境乃至人类生存构成威胁。CO_2 易溶于水形成 H_2CO_3，降低环境的 pH 值，加剧氢的去极化过程，导致腐蚀加剧。出于环保和提高原油采收率的考虑，在石油和天然气勘探开发过程中，人们逐渐采用 CO_2 驱技术，将 CO_2 加压注入油藏地质结构中，提高原油产量。但这会引起 CO_2 在油田开采、集输和存储过程中的浓度增大，导致相关设备和设施的腐蚀问题加重。

从 20 世纪 40 年代起，人们开始认识到 CO_2 腐蚀对油气田生产危害的严重性，在美国石油协会和美国腐蚀工程师协会的推动和资助下，兴起了 CO_2 腐蚀研究的第一次热潮。到了 20 世纪 70 年代，CO_2 腐蚀引起了全球范围内的关注，在欧盟的倡导下，在世界范围内掀起了新的 CO_2 腐蚀研究热潮。在这期间，众多研究机构和石油公司都纷纷加入研究行列，对 CO_2 腐蚀问题进行了更加深入的研究，并取得显著成果。在这期间的研究主要集中在环境因素和材料因素对腐蚀速率的影响，并探讨腐蚀机理，寻求有效的腐蚀防护措施。例如，介质流速和腐蚀产物膜是腐蚀速率和腐蚀形貌的决定性因素；温度对腐蚀速率也有重要的影响，但是温度更多的是表现在对腐蚀过程热力学、动力学和腐蚀产物膜形态、致密度、化学稳定性的影响；增大 CO_2 分压会增大腐蚀速率，但同时也有利于保护性腐蚀产物膜的形成，腐蚀行为可能呈现复杂变化；溶液介质条件对腐蚀速率的影响也很大，主要表现为 pH 值的影响；钢中添加一定量的金属元素 Cr，可以明显提高材料抗 CO_2 腐蚀的能力。对于局部腐蚀，如点蚀、涡状腐蚀、流动诱导局部腐蚀、台地状腐蚀，尽管油田现场已经有许多相关的事故由此产生，人们对其研究仍然较少，对其产生的机理还没有明确的表述。自 20 世纪 90 年代以来，CO_2 腐蚀问题的研究重点开始转移到腐蚀产物膜与多相流腐蚀问题方面。腐蚀产物膜的研究主要集中在揭示膜的形成机理、结构特征、力学性能、化学稳定性等方面，讨论膜的特征形态和力学性能对传质过程、腐蚀速率的影响。

1. 二氧化碳腐蚀类型

CO_2 对油气设备及管道既可造成全面腐蚀，也可形成局部腐蚀，且往往是在全面腐蚀的同时形成严重的局部腐蚀，造成突发性灾害性事故。

1）全面腐蚀

全面腐蚀是指腐蚀发生在整个金属材料的表面，导致金属材料的全面减薄，使金属构件的承载力下降。全面腐蚀速率受金属表面形成的腐蚀产物膜的控制，同时也与温度、流速、CO_2 分压、介质成分有关，并且发生全面腐蚀的设备，可以通过腐蚀速率预测其使用寿命，其危害性相对较小。

2）局部腐蚀

局部腐蚀往往引起穿孔及开裂，导致油气设备及管道提前破坏失效，带来严重的后果，且具有不可预测性，因而其危害性更大。因此，自 20 世纪 90 年代起，CO_2 腐蚀的研究重点逐渐转移到局部腐蚀及防护技术上来。CO_2 局部腐蚀主要有点蚀、台地腐蚀和流动诱使局部腐蚀三种类型。目前普遍认为 CO_2 腐蚀产物膜的不均匀形成和局部破坏是局部腐蚀产生的主要原因。

台地腐蚀的特点是蚀坑底部通常比较平坦，边缘陡峭，接近于直角。台地腐蚀的产生与锻轧钢的各向异性有关，其产生的先决条件是形成具有局部保护性的腐蚀膜。

流动诱导局部腐蚀萌生和发展于保护性产物膜的破裂和局部剥落处，并且流速达到能够阻止保护性膜形成的临界流动速度。局部紊流产生的流体动力再加上膜的内应力可能破坏已经存在的腐蚀产物膜，使局部腐蚀得以扩展。一旦腐蚀产物膜被破坏，流动条件就会阻止保护性膜在金属表面重新形成，形成大阴极小阳极，加速局部腐蚀的进行。

点蚀是 CO_2 腐蚀最常见的一种局部腐蚀形态，油气田的管道事故中很大一部分是由于点蚀引起的管壁穿孔和由点蚀引起的应力腐蚀开裂造成的。目前关于油管钢 CO_2 腐蚀过程中的点蚀发生和发展机理还没有形成统一的认识，但已有的研究表明点蚀的发生及其敏感性大小与环境温度、CO_2 分压、介质成分以及材料的应力状态等有关。

2. 二氧化碳腐蚀机理

碳钢在高温高压 CO_2 多相流介质中的腐蚀过程比较复杂，其腐蚀机理一直都是 CO_2 腐蚀的研究热点。经过几十年来的研究和积累，研究人员发现 CO_2 腐蚀过程是一个化学、电化学和质量传输等子过程在钢材表面和近表面同时发生的一个综合过程，并且不同的子过程受 CO_2 分压、温度、电解质化学性质、流速以及其他的工艺参数的影响各不相同。

大多数国内外学者认为 CO_2 溶于水后形成的溶液对金属材料有极强的腐蚀性，CO_2 溶于水后为弱酸，氢离子在水中未能完全离解，在相同 pH 值条件下，具有更强的酸性，因此 CO_2 水溶液对碳钢的腐蚀往往比相同 pH 值的盐酸、硫酸更为严重。与 H_2S 腐蚀不同，CO_2 腐蚀表现出的最典型的特征是局部的点蚀、轮癣状腐蚀和台面状坑蚀，其中，台面状坑蚀腐是最严重的腐蚀类型、穿孔率非常高，腐蚀速率一般可达 3~7mm/a。碳钢材料在高温高压 CO_2 多相流介质的环境中腐蚀过程比较复杂。Waard 和 Millans 认为在 CO_2 水溶液中，碳钢的阳极反应依照下面的过程进行：

$$Fe + OH^- \longrightarrow FeOH + e \qquad\qquad (4-1)$$

$$FeOH \longrightarrow FeOH^+ + e \qquad\qquad (4-2)$$

$$FeOH^+ \longrightarrow Fe^{2+} + OH^- \qquad\qquad (4-3)$$

Schmitt 等认为在 CO_2 腐蚀中，阴极反应主要受控于吸附在碳钢表面 CO_2 的非均匀催化水合作用。在相同 pH 值条件下，含 CO_2 介质中，阴极极限电流密度比没有 CO_2 介质的阴极极限电流密度大得多，可能是由于吸附在碳钢表面的 H_2CO_3、HCO_3^- 直接参与了阴极还原反应的缘故。在 CO_2 腐蚀介质中，溶液 pH 值为 4 和 6 的极限电流密度变化不大。

大多数研究者认为，在含 CO_2 的腐蚀溶液中，形成的腐蚀产物膜在钢表面的覆盖度不同，或腐蚀产物膜在液体的冲刷作用下，薄弱的部位发生破裂和脱落，裸露出的金属与腐蚀产物膜覆盖的区域，它们之间形成了具有很强自催化特性的腐蚀电偶电池，在没有腐蚀产物膜的地方容易引起局部腐蚀。而有的研究者则认为，CO_2 的局部腐蚀与腐蚀产物膜的离子选择透过性有关，但对于腐蚀产物膜的离子选择性问题缺乏相关的有力证据。

CO_2 腐蚀钢材主要是由于 CO_2 溶于水生成碳酸而引起电化学腐蚀所致，其腐蚀速率极高，最高时可达 30~40mm/a，而且在中温区（约在 60℃）时容易产生严重的局部腐蚀，因而备受关注。

通常，CO_2 腐蚀在 60~80℃ 最严重，出现点蚀主要是在这个温度范围。这个温度下的腐蚀产物最疏松，在基体表面覆盖不完整，从而容易形成电偶腐蚀，诱发点蚀。

CO_2 腐蚀机制从根本上讲主要受材料表面腐蚀产物的控制，不同腐蚀环境、不同材料在腐蚀过程中形成的腐蚀产物特征对离子的阻隔作用不同，从而导致腐蚀速率和形态完全不同。

由于 CO_2 腐蚀主要受腐蚀产物的致密度控制，因此，介质流速的增加会破坏腐蚀产物，从而裸露出基体金属，导致局部基体加速腐蚀。也就是说，流速达到能破坏 CO_2 腐蚀产物的程度时，往往会导致严重的局部腐蚀，其示意图如图 4-1 所示。

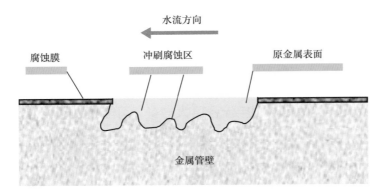

图 4-1　流体的冲刷破坏作用下发生诱导局部腐蚀示意图

二、二氧化碳腐蚀评价方法及腐蚀规律

1. 腐蚀评价方法

CO_2 驱工况变化复杂，腐蚀评价方法是正确认识腐蚀规律、做好材料和缓蚀剂选择、防腐效果评价的重要手段，为 CO_2 驱油与埋存腐蚀主控因素认识、材料和缓蚀剂优选、防腐对策制定，提供总体原则及设计指南。

1）室内腐蚀实验评价方法

室内静态腐蚀评价方法：将实验样品和腐蚀实验介质均置于腐蚀评价装置内，模拟温度、时间、压力等参数，系统评价服役环境下静态腐蚀规律及材质、药剂的防腐性能。

室内动态腐蚀评价方法：利用高温高压动态评价装置，将实验样品和腐蚀实验介质均置于腐蚀评价装置内，模拟不同流动状态（旋转流、管流）、流速、温度、时间及压力等参数，系统评价服役环境下动态腐蚀规律及材质、药剂的防腐性能。

2）矿场中试试验腐蚀评价方法

利用 CO_2 腐蚀模拟中试试验装置，在全尺寸管柱条件下，模拟研究材料、工艺和药剂防腐技术在矿场工况条件下（温度、压力、矿场水及 CO_2 流量等参数组合）的腐蚀规律及防腐性能。

2. 腐蚀规律

1）温度

温度对 CO_2 腐蚀的影响主要体现在三个方面：（1）影响了腐蚀性气体（CO_2 或 H_2S）在溶液中的溶解度，温度升高，溶解度降低，抑制了腐蚀的进行；（2）温度影响各个单个反应的速度，温度升高，各反应进行的速度加快，促进腐蚀反应的进行；（3）温度影响腐蚀产物的成膜机制，可能抑制腐蚀，也可能促进腐蚀，视其他条件而定。

温度的变化显著地影响腐蚀产物膜的形成、性质和形态，从而对 CO_2 腐蚀的进程产生影响。温度的不同会造成 CO_2 腐蚀的腐蚀类型不同，在温度较低时，一般是温度低于 60℃ 的时候，CO_2 腐蚀产生的腐蚀产物 $FeCO_3$ 在碳钢表面的附着力极差，无法形成局部的电偶腐蚀，所以在这个条件下发生的腐蚀往往是均匀腐蚀，而且腐蚀速率一般随温度升高而增大；在温度为 60~150℃ 时，CO_2 腐蚀产生的腐蚀产物 $FeCO_3$ 在碳钢表面有一定的附着力，疏松的腐蚀产物往往形成严重的局部腐蚀，所以在此温度范围内，腐蚀速率随着温度的增加是先增大后减小的；在温度较高时，一般是温度大于 150℃，生成的腐蚀产物 $FeCO_3$ 在碳钢表面的附着力特别强，会在碳钢表面形成致密的腐蚀产物膜，对碳钢本体起到很好的保护作用，所以在温度大于 150℃ 的条件下，CO_2 水溶液对碳钢腐蚀很小。

2）二氧化碳分压

一般认为，在所有影响 CO_2 腐蚀的因素中，CO_2 分压的影响是最重要、最直接的，其他条件固定时，随着 CO_2 分压的提高，CO_2 在水溶液中的溶解度变大，造成碳酸的浓度变高，从而造成氢离子的浓度也会提高，这样就加快了碳钢的腐蚀。

　　CO₂ 分压对碳钢及低合金钢的 CO_2 腐蚀速率有较大的影响。随着 CO_2 分压的增大，CO_2 的溶解度增大，溶液中参与阴极还原反应的 H^+、HCO_3^-、H_2CO_3 的浓度增大，阴极过程的反应速度加快，因而总的腐蚀速率加快。贾志军通过动电位扫描极化曲线拟合得到 90℃ 时不同 CO_2 压强条件下 3Cr 钢腐蚀电流密度，如图 4-2 所示。由图 4-2 可以发现 3Cr 钢腐蚀电流密度与 CO_2 分压呈线性关系，拟合公式为：

$$I_{corr}=0.7553p_{CO_2}+0.0774, \quad R^2=0.99177 \qquad (4-4)$$

式中　I_{corr}——腐蚀电流密度，mA；

　　　p_{CO_2}——CO_2 分压，MPa。

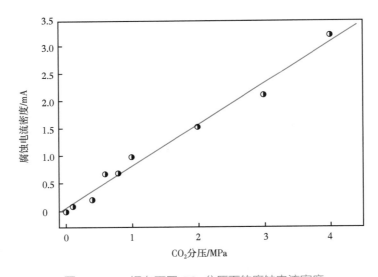

图 4-2　3Cr 钢在不同 CO_2 分压下的腐蚀电流密度

　　上述结果表示的是裸钢的初始腐蚀电流密度，没有考虑形成腐蚀产物后的情况。人们研究发现，在较低的温度下（＜60℃），材料表面不形成保护性腐蚀产物膜，随着 CO_2 分压的增大，腐蚀速率增加。在没有形成 $FeCO_3$ 保护膜的条件下，腐蚀速率与 CO_2 分压的关系式为：

$$\lg v_{\text{corr}} = 5.8 - \frac{1710}{t + 273} + 0.67 \lg p_{\text{CO}_2} \qquad （4-5）$$

式中　v_{corr}——腐蚀速率，mm/a；

　　　　t——温度，℃；

　　　　p_{CO_2}——CO_2 分压，MPa。

式（4-5）表明碳钢的腐蚀速率随 CO_2 分压的增加而增大，在 $p_{\text{CO}_2} < 0.2$MPa、$T < 60$℃ 并且当介质的流态为层流时，该式跟许多实验结果吻合，但是这个关系式并没有考虑腐蚀产物、介质流速、参与反应物质传输过程的影响，当 $T > 60$℃ 时，碳钢表面形成腐蚀产物膜，计算结果往往会高于实测值。因此，式（4-5）只能用来估算没有形成腐蚀产物膜时碳钢的最大腐蚀速率。在中温区，CO_2 分压对腐蚀速率的影响类似于低温区，即随 p_{CO_2} 增大，腐蚀速率加快。在高温区，高 CO_2 分压有利于 Fe_2O_3 保护膜的形成，因此随着 CO_2 分压的增大，腐蚀速率反而减小。目前，在油气工业中根据 CO_2 分压判断 CO_2 腐蚀程度的经验规律为：当 $p_{\text{CO}_2} < 0.021$MPa 时，不产生 CO_2 腐蚀；当 $0.021 < p_{\text{CO}_2} < 0.21$MPa 时，发生中等腐蚀；当 $p_{\text{CO}_2} > 0.21$MPa 时，发生严重腐蚀。

3）pH 值

介质的 pH 值是影响材料腐蚀速率的一个重要因素。pH 值对腐蚀速率的影响主要表现在两个方面：（1）pH 值大小直接关系着溶液中的 H^+ 浓度，进而影响 H^+ 的阴极还原过程；（2）pH 值的改变可影响 $FeCO_3$ 保护膜的溶解度，进而影响膜的保护作用。当 CO_2 分压固定时，随着 pH 值的升高，一方面 H^+ 降低，H^+ 的阴极还原速率降低；另一方面 $FeCO_3$ 的溶解度下降，有利于 $FeCO_3$ 保护膜的生成，因而腐蚀速率大大降低，图 4-3 所示为 3Cr 钢在不同 pH 值 CO_2 溶液中的腐蚀速率图。

另外，pH 值的变化还影响 CO_2 在水溶液中的存在形式。当 pH 值小于 4 时，主要以 H_2CO_3 的形式存在；当 pH 值在 4~10 之间，主要以 HCO_3^- 形式存在；当 pH 值大于 10 时，主要以 CO_3^{2-} 存在。裸钢在 pH 值低于 3.8 的 CO_2 除氧水中，腐蚀速率随 pH 值降低而增大，表明此时 CO_2 对腐蚀的影响主要体现在 pH 值对腐蚀的影响，原因是钢铁在酸性介质中的阴极反应主要是以 H^+ 为去极化剂的电化学反应，腐蚀速率受 H^+ 的阴极还原过程控制。当 pH 值在 4~6 之间时，在相同 pH 值情况下，裸钢在 CO_2 饱和溶液中的阴极电流密度高于 N_2 饱和的具有相同 pH 值溶液的阴极电流密度，这表明 CO_2 对腐蚀的影响不仅表现在 pH 值对腐蚀的影响，也体现了对裸钢 CO_2 腐蚀的催化作用。

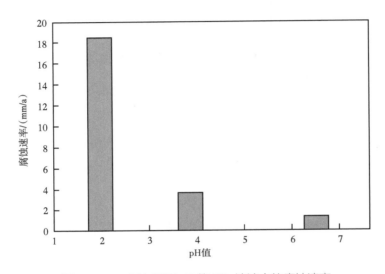

图 4-3　3Cr 钢在不同 pH 值 CO_2 溶液中的腐蚀速率

4）介质成分

介质中的 Ca^{2+}、Mg^{2+} 增大了溶液的离子强度，使溶液导电性增强，并且容易与溶液中的碳酸反应生成 $CaCO_3$ 和 $MgCO_3$ 沉淀，在材料表面结垢，所以通常认为 Ca^{2+}、Mg^{2+} 的存在会降低材料的均匀腐蚀速率，但是会增大局部腐蚀敏感性，这主要是由于垢下腐蚀造成的。溶液中的 Fe^{2+} 含量也对钢铁材料的 CO_2 腐蚀速率有着重要的影响，Fe^{2+} 浓度增加所形成的高的过饱和度有利于保护性腐蚀产物膜的形成，例如，在 70℃ 和 pH 值为 4 时 50mg/L 的 Fe^{2+} 就能促使保护性膜的形成，从而使碳钢的腐蚀速率从 5mm/a 降低到 2mm/a。

Cl^- 的影响很复杂，对合金钢和非钝化钢的影响不同，可导致合金钢孔蚀、缝隙腐蚀等局部腐蚀。常温下 Cl^- 的加入，使得 CO_2 在溶液中的溶解度减小，碳钢的腐蚀速度降低。但若介质中含有 H_2S 时，试验结果会截然相反。Mao 等研究了 API-N80 钢在 CO_2 水溶液中 Cl^- 的作用，指出 Cl^- 的存在大大降低了钝化膜形成的可能性。

5）流速

随着流体流速的增大，H_2CO_3 和 H^+ 等去极化剂能更快地扩散到金属表面，使阴极去极化作用增强，同时使腐蚀产生的 Fe^{2+} 迅速离开金属表面，这些作用都会使得腐蚀速率增大。

在固定的容器或管道内，流速的变化直接改变含 CO_2 介质的流动状态，液体的流动主要分为层流和湍流两种不同的流动形式，由雷诺数（Re）来表示流动状态：

$$Re = dv\rho/\mu \tag{4-6}$$

式中　d——管道内径，m；

　　　v——流体流速，m/s；

　　　ρ——流体密度，kg/m^3；

　　　μ——流体黏度，$kg/(m \cdot s)$。

Re 和流动状态的关系为：$Re < 2100$ 为层流；$Re > 4000$ 为湍流。

在大多数流体流动状态下，流体会对金属表面产生一个切向作用力。根据 K.G.Jordan 和 P.R.Rhodes 的研究结果，管内壁的切向作用力大小可表示为：

$$\tau_w = 0.00395Re^{-0.25}\rho\mu^2 \tag{4-7}$$

切向作用力可能会阻碍金属表面保护膜的形成或对已形成的保护膜起破坏作用，从而使腐蚀加剧。现场经验和实验室研究都发现腐蚀速率随流体流速的增加显著增大，并导致严重的局部腐蚀，尤其是当流动状态从层流过渡到湍流状态时。在大量实验数据的基础上，人们得到腐蚀速率与流速的经验公式为：

$$v_e = Bv^n \tag{4-8}$$

式中　　v_e——腐蚀速率，mm/a；

　　　　B，n——常数，大多数情况下 n 取 0.8。

6）腐蚀产物膜

当材料表面形成腐蚀产物膜后，CO_2 腐蚀速率便由腐蚀产物膜的性质决定。而上述的各种影响因素也是通过直接或间接影响腐蚀产物膜的性质而改变腐蚀速率和腐蚀形态的。因此，开展腐蚀产物膜的形成条件、结构特征、力学性能等多方面的研究将有助于从本质上认识 CO_2 腐蚀速率、腐蚀形态的多样性与复杂性，达到预测与防止 CO_2 腐蚀的目的。

已有的研究证明，在高温高压含水介质中，CO_2 对油管钢的腐蚀破坏大多是因其对油管的局部点蚀穿孔及台地腐蚀造成的。造成油管钢严重局部腐蚀的根本原因是在 CO_2 腐蚀过程中，材料表面腐蚀产物膜的不完整性或发生破损。

一般情况下，在油气 CO_2 腐蚀过程中，当介质温度超过 60℃ 时，会在材料表面形成一层腐蚀产物膜，这层膜的存在一般会对钢基体起到一定保护作用，而这种保护作用的强弱取决于腐蚀产物膜的完整性、对钢基体的覆盖程度以及膜的组织与性能。在高温高压 CO_2 腐蚀多相流介质环境中，材料表面形成的腐蚀产物膜会遇到三种力学——化学作用，包括不同流动状态的流体切应力、固体颗粒的冲击作用以及产物膜自身生长内应力，在这些力的综合作用下，腐蚀产物膜发生开裂破损，造成局部电化学腐蚀加剧，最终导致点蚀及台地腐蚀，导致油管钢腐蚀失效。

7）微生物腐蚀

微生物广泛存在于自然界的土壤和水体中，在生物链中的碳循环、硫循环、氮循环等物质循环中发挥着重要作用，是生物链中最重要的环节。微生物的生命活动主要靠分解有机物或者在无机物的氧化还原过程中获得能量，金属材料的氧化过程往往为微生物的生命过程提供能量，这就发生金属材料的微生物腐蚀。其中，硫酸盐还原菌（SRB）腐蚀是工业界最为关注的问题。

微生物腐蚀是一种特殊类型的腐蚀，容易产生显著的局部腐蚀以及强烈的管道结垢。其中，SRB 腐蚀导致的局部腐蚀速率能达到 30mm/a，管道内部环境一旦适宜 SRB 生长，将会发生严重的腐蚀失效事故。

微生物腐蚀过程中的动力学受表面吸附微生物的影响，需在满足能源、碳源、电子供体、电子受体、水这几个条件下才会对金属材料造成腐蚀。对于油田集输系统，天然气中的氢、采出水中的有机质以及管道金属材料均可以成为 SRB 的能量来源。

微生物腐蚀过程中存在各类微生物以构成复杂生态体系，硫酸盐还原菌（SRB）、铁细菌（FB）、可以产生黏液的腐生菌（TGB）及其他菌群，如酵母菌、硫细菌、霉菌等是引起钢铁细菌腐蚀的主要微生物类群，这其中 SRB 是最主要的电子受体细菌，因此 SRB 腐蚀是油气田环境腐蚀最大的危害。

SRB 的代谢过程通常包括以下三个阶段，如图 4-4 所示。

分解阶段：在厌氧环境中，通过"基质水平碳酸化"这一过程，有机碳源将会产生少量的高能电子和三磷酸腺苷（ATP）。

电子转移阶段：SRB 利用所特有的电子转移链（细胞色素 C_3 和黄素蛋白等）将分解阶段产生的高能电子逐级传递。

氧化阶段：氧化态的硫元素获得逐级传递而来的高能电子，消耗 ATP 的同时将氧化态硫还原为 S^{2-}。

图 4-4　硫酸盐还原菌的代谢过程

腐生菌 TGB 是耗氧菌，其分解有机物形成的氢以及有机酸被 SRB 利用进行生命活动，促进 SRB 将硫酸根转化为 S^{2-}，转化过程中将进一步产生 H^+，会使得局部环境酸化，加速金属材料的腐蚀。

铁细菌 FB 和 SRB 又常常伴生在一起。一般情况下，FB 为好氧菌，能引起的金属腐蚀为均匀腐蚀，随着其繁殖进行，FB 将会在均匀腐蚀的金属表面形成一个厌氧环境，即一个氧浓差环境。而 SRB 正好能在此厌氧条件下大量繁殖，代谢过程中产生 H_2S 及胞外聚合物化（EPS）等黏液物质，同时 EPS 可加速管道中垢的形成，从而造成管道堵塞，严重时甚至导致管道穿孔。

随着油田现场管道试压、注水作业的进行，硫酸盐还原菌已经成为诱发油气田注水集输系统金属管道、管件、设备发生腐蚀的主要因素之一。硫酸盐还原菌对金属腐蚀作用的阴极去极化机理认为，在缺氧条件下 SRB 产生阴极去极化作用，使 SO_4^{2-} 氧化为吸附的氢，从而加速了金属的腐蚀过程。当 SRB 随注入水进入地层后，还会污染储层，使得产出气中含有较高浓度的 H_2S 气体，导致井下管柱、井口装置、集输管线以及设备会面临 H_2S 腐蚀、氢致开裂（HIC）以及硫化物应力腐蚀开裂（SCC）的风险。根据文献报道，金属管道在无内防护的情况下，细菌活动所导致的金属腐失速率一般为 0.2~0.3mm/a（全面腐蚀）和 2.5~3mm/a（点蚀），说明 SRB 能够诱发金属点蚀的发生。

8）油水两相

CO_2 腐蚀的发生离不开水对钢铁表面的润湿作用。因此，水在介质中含量是影响 CO_2 腐蚀的一个重要因素。当然这种腐蚀与介质的流速和流动状态有关。一般说来，油藏中油水混合介质在石油井流动过程中会形成乳状液，当油中含水量小于 30% 时会形成油包水型乳状液，水包含在油中，这些水相对钢铁表面的润湿将受到抑制，发生 CO_2 腐蚀的倾向较小；当含水量大于 40% 时，会形成水包油型乳状液，油包含在水中，这时水相对钢铁材料表面发生润湿而引发 CO_2 腐蚀。因此，有人提出了 30% 含水量作为油水混合介质流体是否发生 CO_2 腐蚀的一个经验判据。当然，这也与原油成分有关。

第二节　腐蚀与防护技术

一、材料防腐技术

在油田生产过程中，材质的选择是功能性、经济性与耐蚀性等多种因素共同决定的。如果忽略成本因素，选用高等级材质是防腐最有效的手段之一。但若采用水驱老井开展 CO_2 驱试验，套管为普通碳钢材质，则无法整体选用材料防腐技术。

1. 耐蚀合金

采用相应的耐蚀合金可以大大降低腐蚀速率。一般说来，油气井管柱及输油管线的材质多为碳钢和低合金钢，抗 CO_2 腐蚀性能较差。合金元素对 CO_2 的腐蚀有很大的影响，通过实验验证，随着 Cr 在合金中含量的增加，抗 CO_2 腐蚀性逐渐增强。因此 CO_2 腐蚀选材工作主要是通过在钢材冶炼过程中加入一些能抗 CO_2 腐蚀或减缓 CO_2 腐蚀的合金元素来达到防腐目的。

国内外在抗 CO_2 腐蚀钢材研发方面取得了较大进展，特别是日本，在抗 CO_2 腐蚀钢材研究领域已经做了大量的工作，并取得了许多应用成果。例如，日本住友金属公司研制出了一种改良型抗 CO_2 腐蚀的 13Cr 钢材，已在现场广泛投入使用。日本新日铁公司研制出两种能抗 CO_2 腐蚀的钢，这两种钢的合金成分组成分别为：0.005%C+13%Cr+2%Ni 和低 C+13%Cr+3%Cu，两种钢均可用于 100℃ 以上温度、含湿的 CO_2 及少量 H_2S 的环境中，并且两者的热加工性能良好。总体来看，目前国外在含 CO_2 的油气田中多采用含 Cr 的铁素体不锈钢（9%~13%Cr）；在 CO_2 与 Cl⁻ 共存的重腐蚀条件下采用 Cr–Mn–Ni 不锈钢（22%~25%Cr）作油管或套管用钢；在 CO_2 与 Cl⁻ 共存且使用温度较高的条件下使用 Ni–Cr 基合金（Perenoy）或 Ti 合金（Ti–15Mo–5Zn–3Al）作套管或油管用钢。与国外相比，中国抗 CO_2 腐蚀材料的开发工作起步较晚，抗 CO_2 腐蚀材料主要依靠进口。宝山钢铁公司开发的 3Cr 系列油管钢，从 2008 年在国内油田开始应用。

2. 防腐涂层

为了有效防止管柱腐蚀，国外普遍采用防腐涂层，通过相应的工艺处理，在金属的表面形成一层具有抑制腐蚀的覆盖层，可直接将金属与腐蚀介质分离开来。防腐涂层主要有金属涂层和非金属涂层两类，金属涂层采用电镀或热镀的方法实现，非金属涂层采用喷涂或内衬的方法实现。不同涂层的结合力、耐温、耐压、耐侵蚀性能差别较大，在管材伸缩和温度变化下容易破损与脱落，因此只适用于一些井下作业少、螺纹腐蚀不严重的注采井。

防腐蚀内涂层，大都是环氧型、改进环氧型、环氧酚醛型或尼龙等系列的涂层[1]。这些涂料不仅具有优良的耐蚀性，而且还有相当的耐磨性能。对非含硫油气，在压力不超过 45MPa 时，涂层的最高使用温度可高达 218℃。对含硫油气则可达 149℃。在预制过程中应采用严格的 QC/QA，要求涂层厚度均匀，并达到整个涂敷表面 100% 无针孔。这些措施为它们在强腐蚀环境条件下使用的可靠性提供了技术保障，但这些聚合物类型的涂料，普遍都有老化问题，其使用寿命随操作条件而异。

近年来，三层防腐涂料受到了国际管道界的高度重视，越来越多地用于油、气、水金属管道防腐工程。三层防腐涂料综合了环氧树脂良好的附着性能，抗化学性能及其聚烯烃涂料的机械强度和保护作用。多层防腐涂层的最高运行温度取决于聚烯烃表面的性质。三层防腐涂料的底层为环氧树脂，表层为聚丙烯，中间过渡层为聚合物，各层性能和特性在三层涂料中相互补充，使整个涂层具有最佳的性能。底层的环氧树脂涂层，不但具有良好的附着性能、抗化学性能和抗阴极剥离性能，而且由于耐热性能好、转换温度高，因此可在高温运行条件下使用；中间过渡的聚合物涂层，其目的是把底层环氧涂层和表层聚丙烯涂层结合在一起，形成统一的整体。它是一种用接枝单体改性的聚丙烯基聚合物。聚合物中的极性分子团能同底层涂料中的自由环氧分子团发生化学反应，而非极性分子团可以很容易地与聚丙烯表层结合在一起。表层聚丙烯涂层，其作用是为整个涂层提供良好的物理机械性能。

二、药剂防腐技术

1. 缓蚀剂的类型

目前针对 CO_2 腐蚀最有效的方法是采用低合金钢和添加缓蚀剂[2]。自 1975 年研究了 CO_2 对碳钢及低碳钢的腐蚀，并认为加注缓蚀剂是抑制 CO_2 腐蚀的一种操作简便、有效的方法以来，越来越多的缓蚀剂被应用到油气田的腐蚀防护中。实践表明，缓蚀剂的注入能大大提高套管、管线和设备等抗 CO_2 腐蚀的能力。其用量少、成本低、操作方便，适用于抑制油气井和集输管线中存在的 CO_2 腐蚀。

近十年来，针对防 CO_2 腐蚀的需要，国内外研究人员研发了一些抑制 CO_2 腐蚀的缓蚀剂，常用的缓蚀剂有咪唑啉、季铵盐、磷酸酯与烷基胺的反应产物、多胺类、咪唑啉与硫脲的复配物、松香衍生物、亚胺乙酸衍生物和炔类等。这些缓蚀剂的分子结构中大多含 N、P、S 等元素，缓蚀剂能迅速吸附在钢材表面发生电荷转移，形成非常牢固的化学键，在钢材表面形成牢固的缓蚀剂膜，使钢材表面与 CO_2 隔离，达到防腐蚀目的。其中市场上使用最多的是咪唑啉和酰胺类，而当介质中有硫化氢存在时，炔氧甲基季铵盐类应用也非常广泛。

对于抗 CO_2 腐蚀，缓蚀剂的选取应注意以下几个方面的问题。（1）有些缓蚀剂在高速生产流体对管壁产生较大剪切应力的情况下，成膜性能较差，缓蚀效果显著降低。因此，针对 CO_2 腐蚀应充分考虑流速产生的剪切应力的影响，寻找吸附成膜性能好的缓蚀剂。（2）缓蚀剂的选取应考虑腐蚀产物膜的影响。缓蚀剂在腐蚀了的金属表面（ $FeCO_3$ 、 Fe_3O_4 和 Fe_2O_3 等）和光亮清洁的金属表面上的防蚀性能不同。有些缓蚀剂在光洁的金属表面上防蚀性能较好，但在有腐蚀产物的金属表面防蚀性能很差。因此，应针对 CO_2 腐蚀环境和材料表面状态的具体情况合理选择缓蚀剂。（3）油气水流体中的流动是多相流体系，缓蚀剂在各相中的分布遵循溶解平衡规则。只有溶解或分散在腐蚀介质中（如水相或气相中），缓蚀剂才能发挥其缓蚀作用，而且要注意缓蚀剂在各相中的分配比例。腐蚀大多发生在水相，油溶性缓蚀剂虽有较好的缓蚀效果，但要考察其是否会完全溶于油相而被带走，导致保护效果下降。

缓蚀剂的分类方法有很多种，按照对电化学腐蚀过程的影响分类，可以分为阳极型、阴极型和混合型缓蚀剂。

1）阳极型缓蚀剂

能增加阳极极化，使腐蚀电位向正向移动。一般是阳极型缓蚀剂的阴离子向阳极表面移动，使金属发生钝化。对非氧化性的缓蚀剂，只能在溶解氧存在的前提下才能起到抑制作用。使用阳极型缓蚀剂，用量必须足够，若用量不足，缓蚀剂无法充分地覆盖在阳极表面，使得暴露于介质中的阳极面积远小于阴极面积，形成了小阳极大阴极的腐蚀电池，反而加剧了金属的孔蚀。因此，阳极缓蚀剂又被称为危险性缓蚀剂。

2）阴极型缓蚀剂

使金属的腐蚀电位负向移动，使酸溶液中析出氢的过电位增大，减慢了阴极过程，腐蚀减弱。通常，阴极型缓蚀剂是阳离子移向阴极表面，从而形成化学或电化学沉淀膜，抑制了金属的腐蚀。即使这类缓蚀剂的用量不足，也不会加速腐蚀，故而被称为安全缓蚀剂。

3）混合型缓蚀剂

同时对阴极过程和阳极过程起到抑制作用。添加混合型缓蚀剂后，虽然腐蚀电位没有明显的变化，但腐蚀电流却显著减小。

2. 缓蚀剂使用的影响因素

由于缓蚀剂在特殊的油套管环境中使用，因此缓蚀剂的使用同 CO_2 腐蚀本身一样受如下一些因素的影响：温度、流速、CO_2 分压、介质组成、腐蚀产物组成、材料组成、结构及表面处理状态等。除此之外，还受浓度、表面活性剂等的影响。因此，在缓蚀剂的选择、使用过程中，必须综合考虑这些影响因素。

1）温度

温度对 CO_2 腐蚀的影响显著，温度不同，腐蚀产物的结构、组成都会发生变化，导致金属表面状态改变。因此与金属表面状态密切相关的缓蚀剂的缓蚀性能也会随着温度的改变而发生变化。另外，温度的变化对缓蚀剂本身也会产生显著的影响。对于有机类缓蚀剂而言，温度较低时，随着温度的升高，缓蚀剂的烃链部分迅速溶解，导致缓蚀剂膜厚度减小或孔密度增大，缓蚀率降低；当温度超过某一限度，就会在金属表面形成一层致密的腐蚀产物膜，起到隔离作用，缓蚀率也随之上升；但当温度过高时，缓蚀剂也可能发生脱附或热分解，完全失去缓蚀作用。对于无机类缓蚀剂来说，如果缓蚀剂是通过高温激活起缓蚀作用，则受温度影响较大，如果是通过腐蚀反应或其他因素化学激活起缓蚀作用，则受温度影响较小。

2）二氧化碳分压

一般来说，CO_2 分压增大，缓蚀剂膜附着力减弱，缓蚀效率降低。尽管 CO_2 影响缓蚀剂膜附着性在力学方面的原因尚不清楚，但近期的研究已表明 CO_2 至少是通过两条途径起作用：（1）CO_2 溶于盐水，形成碳酸，降低了溶液的 pH 值，削弱了缓蚀剂与金属表面之间的吸附键；（2）溶解的 CO_2 提高了金属表面吸附型缓蚀剂的黏度，使缓蚀剂膜的有效性明显降低[3]。

3）流速

流速对缓蚀剂起两方面的作用。一方面，流速增大能增加流体的传质速度，尤其是边界层的传质速度，并影响边界层厚度，所以流速直接影响缓蚀剂的传质和成膜。有研究表明，当流体的流速高于某一最低临界流动强度时，缓蚀剂具有更好的缓蚀效果，即缓蚀剂需要一定的流速来加快传质，促使其在金属表面均匀成膜。流速对缓蚀剂的另一方面的影响便是：流体流动产生切应力，对缓蚀剂膜产生冲击作用，使膜层易破损脱落。同时流速增加也能增大流体的扰动性，强化传质，使腐蚀性物质的传输加快，缓蚀剂膜表面就会受到更多腐蚀性离子的化学侵蚀作用，缩短缓蚀剂膜寿命。关于这一点已形成共识，这也就是人们所普遍认为的最高临界流动强度，即对于特定缓蚀剂，只能在某一流速之下使用，否则缓蚀剂将迅速失去缓蚀作用。而最高临界流动强度取决于缓蚀剂的种类和浓度。

4）浓度

一般情况下，大多数缓蚀剂在高浓度时缓蚀剂膜的附着性优于低浓度时膜的附着性，这是由于缓蚀剂浓度较低时，活性组分的浓度也较低，不易形成完整的致密膜层；另外，由于活性组分的缺乏，缓蚀剂吸附能力也下降。另外，缓蚀剂浓度提高，也可以明显提高缓蚀剂的最高临界流动强度。即高浓度下形成的缓蚀剂膜层具有更好的抵抗冲刷腐蚀的能力。

5）其他因素

通常，对于油井来说，采用油溶性水分散性缓蚀剂控制油管腐蚀，而输油管部分的腐蚀则采用水溶性缓蚀剂来控制。对于气井，所用缓蚀剂还须兼有气相缓蚀效果。CO_2 腐蚀的介质体系多为水＋油＋气的三相或水＋油＋气＋固体颗粒的四相体系，因此介质组成和各相之间的比例直接影响缓蚀剂的溶解性和分散性。缓蚀作用发生在金属基体与介质交界面上，所以金属的组成、结构和表面状态也是影响缓蚀剂的重要因素，即缓蚀剂与金属之间存在着一定的"配伍性"。除此之外，表面活性剂的加入会增强或减弱缓蚀剂的缓蚀效率。

目前 CO_2 缓蚀剂研究也正在向高效、多功能、无公害的技术目标发展。未来有关 CO_2 缓蚀剂的研究将集中在以下几方面：（1）重视缓蚀剂复配技术，开发出适用于气—液—固多相腐蚀体系、高温高压体系的缓蚀剂；（2）结合大型计算软件，在分子水平上研究和开发出适用于不同材料状态的缓蚀剂，尤其是能和碳酸亚铁膜起协同保护作用的缓蚀剂以及能抗 CO_2 局部腐蚀的缓蚀剂；（3）强化环保特性，开发低毒、易生物降解的新型缓蚀剂。

三、综合防腐技术

1. 注气井综合防腐工艺技术

注气井采取纯液态 CO_2 注入，钢材在没有水的情况下腐蚀速率很低，但如果长时间停注，井底会有液体从地层流出，井筒内会出现饱和 CO_2 湿气，对金属也会产生一定腐蚀，如果后期采取水气交替注入，在交替阶段（时间很短）也会存在腐蚀的可能。因此，井口、油管、封隔器、套管需要有一定的防腐能力。需要从管柱结构、选用耐腐蚀材料、注缓蚀剂等三种方法组合来防止或延缓 CO_2 对管材的腐蚀[4]。

结合注入井工况及结构特点、根据 CO_2 腐蚀规律，确定腐蚀薄弱部位是井口、封隔器以下容易与水接触的套管部位，由于无法实现药剂防腐，需要采取材质防腐。CO_2 驱注气井以 CO_2 腐蚀为主，注入气中不含 H_2S，从防腐性能及成本对比考虑，注入井选择 CC 级井口（表 4-1）。

表 4-1　井口材料选择表

材料等级	相对腐蚀性	CO₂ 分压 / psi	CO₂ 分压 / MPa	H₂S 分压 / psi	材料最低要求	
					本体、盖、端部和连接出口	控压件、阀杆和心轴式悬挂器
AA 一般运行	无腐蚀	< 7	< 0.05	< 0.05	碳钢或低合金钢	碳钢或低合金钢
BB 一般运行	CO₂ 轻度腐蚀	7~30	0.05~0.21	< 0.05	碳钢或低合金钢	不锈钢
CC 一般运行	高含 CO₂ 不含 H₂S 中度至高度腐蚀	> 30	> 0.21	< 0.05	不锈钢	不锈钢
DD 酸性运行	低 H₂S 酸性腐蚀	< 7	< 0.05	> 0.05	碳钢或低合金钢	碳钢或低合金钢
EE 酸性运行	H₂S 脆性、含 CO₂ 轻度腐蚀	7~30	0.05~0.21	> 0.05	碳钢或低合金钢	不锈钢
FF 酸性运行	H₂S 脆性、高含 CO₂ 中度至高度腐蚀	> 30	> 0.21	> 0.05	不锈钢	不锈钢
HH 酸性运行	H₂S 脆性、高含 CO₂ 高度腐蚀	> 30	> 0.21	> 0.05	耐腐蚀合金 CRA	耐腐蚀合金 CRA

根据碳钢、不锈钢等材质防腐性能评价，13Cr 材质在保证防腐的前提下，具有经济性，因此封隔器材质、封隔器以下套管采用 13Cr 材质，在无药剂防腐条件下可保证井筒防腐效果。

防腐药剂优选表明，环空保护液的添加及浓度的增加可使腐蚀速率急剧降低，浓度达到 2000mg/L 时，碳钢的腐蚀速率降低趋近平缓，其腐蚀速率小于 0.076mm/a，其缓蚀效率达到 99% 以上。因此采用碳钢 + 缓蚀剂的低成本防腐技术路线，注入井下完管柱后，封隔器胀封前从油管注入缓蚀剂，保证封隔器上部和封隔器下部的油套环空充满缓蚀剂，避免 CO₂ 对碳钢套管及油管外壁腐蚀。

2. 采油井综合防腐工艺技术

当 CO₂ 驱突破后，由于采油井产水，并且矿化度及 CO₂ 含量随生产变化，必然会在油井产生严重的腐蚀现象，经过大量的国内外现场调研也证实了这一点。吉林油田属于低渗、低产油田，实现经济开发需要低成本防腐。

通过 CO₂ 驱多因素条件下 CO₂ 腐蚀规律系统认识，研发了针对性抗 CO₂ 防腐药剂体系，形成"碳钢＋缓蚀剂"一体化低成本防腐技术路线。

通过对采油井 CO_2 腐蚀规律的分析，确定腐蚀薄弱部位为井口裕动液面以下油套管，CO_2 采油井综合防腐措施重点放在碳钢＋缓蚀剂防腐，局部选用耐腐蚀材料的组合方法防腐。

根据腐蚀规律研究结论和 CO_2 分压标准，地层不含原始 H_2S，从防腐性能及成本对比考虑，油井井口按采气井设计，采油井选择 CC 级井口。

为保护油井套管（内壁）和油管（内外表面）及井下工具，应选择在油井井口向油套环空加注缓蚀剂，根据采油系统特点与 CO_2、水质腐蚀规律，通过单剂优选、体系复配形成了抗 CO_2 缓蚀剂体系。该缓蚀剂浓度为 100~200mg/L 时，碳钢的腐蚀速率降低趋近平缓，其腐蚀速率小于 0.076mm/a，缓蚀效率达到 99% 以上。

3. 井口和地面注缓蚀剂加注方案设计

有效的防腐药剂加药方式是保证防腐效果的重要手段，防腐药剂在金属表面形成连续、完整的防腐药剂保护膜，确保防腐保护效果最佳。

采油系统采取井口套管连续加注工艺，通过药剂从油套环空加入，油管采出过程中药剂与井筒材料表面的成膜作用，保证井筒内油套管防腐效果。

注入系统采取端点加药＋中间补给＋末点监测补给的方式加药防腐，控制注入管道腐蚀。注入系统通过联合站前端集中加药，注水站中间接力加药，注入井井口远端单点加注，形成联合站、注水站、单井完整的注水管线防腐保障系统，保障远端注入井井筒防腐效果。

集输系统通过油井防腐药剂投加、采出液中药剂残余浓度效应，同时在掺输系统设置集中加药工艺，保证集输管线防腐效果。

第三节　腐蚀监测及防腐技术调控

一、矿场水、气、垢取样方法

腐蚀性介质取样宜覆盖井口—转油站—集油站—联合站之间所有集输管道和站内工艺管道。单井管道取样点宜设置在井口处（如油嘴），若单井管道出口也具备取样条件，可同时在出口取样。站间管道取样点宜设置在管道入口或出口位置，根据现场取样条件确定。

现场取样频率应结合现场实际和腐蚀管理需求确定，一般取样间隔为15~60天。投产后，宜在30天内完成首次取样测试。投产初期与生产工艺变时（如开关井、修井、增产、调整、产量显著变化），宜加密取样，取样间隔宜在15~30天以内。稳产阶段，若工艺变化不大，取样间隔宜为30~60天。根据上游生产工艺变化，如开关井、修井、增产、调整、管道输送量显著变化等，宜及时记录，加密取样，具体参照表4-2执行。

表4-2　取样频率确定原则

序号	条件	推荐测试频率（d/次）
1	一般性原则	15~60
2	产量变化大、开关井频繁、工艺变化大	15~30

腐蚀性介质组分测试分析数据是集输管道失效分析和腐蚀防控的重要参考和依据。在集输管道介质取样与分析过程中应按照标准规定操作。

现场常用设备为便携式取样器、简易取样桶、取样瓶、采气袋、气体检测管、pH值计等，伴生气和采出水取样设备具备密闭隔绝功能、具备受限空间操作功能，不得有开放式、吸附材质、不得有带电、不防爆的设备进行现场取样与测试作业。

1. 伴生气取样

应明确伴生气取样点的代表性，确认取样点是否为设施进出口综合物流取样点。清理取样口、连接延伸管、准备废油桶，打开阀门排气3min；打开采样阀，置换掉不流动气体，排气置换三次后，取气、将密闭式取样装置中的气体转入取气袋中。

2. 采出水取样

采出水应具有代表性，取样时，先排放管线中的"死油""死水"，取样员站在上风处，慢慢打开取样阀门，开阀后3min内不应取样，取样操作分三次进行

（也可以分多次），直至达到取样量要求，不宜一次取样至取样量。采出水取样点宜有流量阀，可以控制取样速度。采出水取样点能够通过转换接头等连接延伸管、准备废油桶，打开阀门排液 3min 后取样，样桶标签注明样品名称、取样员和取样日期，密封样品，运输时确保样品无撒漏现象，水样尽快送到实验室。

3. 微生物取样

取样前应确认当前工况是否平稳，确保没有清管、排液、注水等作业。取样前对采样容器灭菌处理。取样前在现场要开展 pH 值、溶解氧等测试分析。取样前应打开管道阀门排液 3min 以上、取样时液体需全部充满取样瓶或取样袋排出空气。采样后应在 6~9h 内送到实验室。

4. 清管产物与腐蚀产物取样

取样前应穿戴防护用品，对于作业更换的管线需要割管采样、多点采集腐蚀产物，根据腐蚀产物层次按上、中、下三个层次等量刮取单个试样、清管产物和腐蚀产物的取样不应低于 10g、取完样后宜快速转运至实验室，转运时应采取保护措施避免光线、空气、温度等因素影响。

二、二氧化碳腐蚀监测评价方法

在油气田开发过程中腐蚀监测的地位非常重要，腐蚀监测评价分析不但可以指导缓蚀剂的室内评价和现场试验，还可用于管道腐蚀风险的评估和预警，减少腐蚀危害，预防事故发生。腐蚀监测的方法很多，大体可分为直接测试腐蚀速率的方法和间接判断腐蚀倾向的方法。

直接测试腐蚀速率的方法包括腐蚀挂片法、腐蚀电阻探针法、线性极化电阻法、超声波探伤测厚法、Microcor 测量电感阻抗为基础、开挖检查法、地面检查法。间接判断腐蚀倾向的方法主要有 pH 值测试法、细菌含量测试法、总铁含量检测法、测定水中溶解性气体法、测定天然气中 CO_2 分压法、软件预测法、电子显微镜与 X 射线衍射法、天然气露点法、电偶 / 电位测量法、氢渗透。

国际上从 20 世纪 80 年代起，对腐蚀监测有了更清楚的认识。工业上主要的在线腐蚀监（检）测技术可分为物理和电化学方法，包括：腐蚀挂片法、电阻探针法、LPR 线性极化法、两点法交流阻抗法，磁阻法、渗氢监测等。另外，近十年发展起来的电化学噪声技术，因其能灵敏地探测到局部腐蚀过程的变化，已有应用到工业领域腐蚀监测的报道，但作为一种新的腐蚀监测技术仍处于发展之中。

1. 腐蚀挂片法

井下腐蚀监测设备对监测井下油、气、水腐蚀具有重要的作用，它能够真实地反映井下不同位置的腐蚀情况。而且随油管一起下入井下，腐蚀筒内径规格与油管内径相同，不影响油气井正常生产。针对井下腐蚀监测的需求，自行设计井下腐蚀测试筒及配套材质环、绝缘环监测井筒内腐蚀，同时对采油井采用抽油杆挂片器进行腐蚀监测，下油管前后采用多臂井径仪对生产井套管进行检测。

腐蚀挂片法是油田腐蚀监测中使用最广泛，也是最直接、有效的方法，通过腐蚀挂片的腐蚀形态计算腐蚀速率判断缓蚀剂使用效果。从失重可以计算出其放置期内的平均腐蚀速率，也可以用电子显微镜测量坑的深度并计算点蚀速率，观察点蚀的形状还能判断腐蚀的类型。

2. 电阻探针法

电阻探针法的原理是欧姆定律，为一实时在线的腐蚀速率测定装置，通过定期对检测数据的下载，比较不同阶段腐蚀速率的变化，对比不同缓蚀剂的缓蚀效果。电阻探针的形式有 T 形、S 形、W 形。该套装置包括电阻探针、Access Fitting、Remote Data Collector、Data Logging 和相关软件。

3. 线性极化探针

线性极化技术是广泛应用于工程设备腐蚀速率检测的技术之一。线性极化技术可以快速测定腐蚀体系的瞬时全面腐蚀速度，这有助于诊断设备的腐蚀问题，及时而连续地跟踪设备的腐蚀速率。不过，该方法仅适用于具有足够电导率的电解质体系（如油田污水、循环冷却水等）。

4. 交流阻抗探针

交流阻抗技术可看作线性极化技术的继续和发展，在理论上它适合于多种体系。交流阻抗技术在实验室中已是一种较完善、有效的测试方法。对于大多数腐蚀体系，该技术只需要测量高频、中频、低频等几个频率点的阻抗来得到溶液电阻 R_s 和极化电阻 R_p，因此特别适用于低电导率的介质。

5. 电化学噪声技术

实际上，现场生产中绝大多数的腐蚀失效来自局部腐蚀。由于局部腐蚀的发生具有随机性，局部腐蚀引发的腐蚀事故（穿孔、泄漏、爆炸等）往往事前无法预测。目前，国内外在线腐蚀监（检）测技术只能评价环境的腐蚀性和材料的均匀腐蚀程度，对局部腐蚀的监测却无能为力。因此，局部腐蚀的在线监测技术，对在役设备运行的安全评估与管理、减少投资和操作费用是十分重要的，也是国内外腐蚀防护技术研究的难点和热点之一。

腐蚀电化学噪声是由金属材料表面与环境发生电化学腐蚀而自发产生的"噪声"信号，主要与金属表面状态的局部变化以及局部化学环境有关。与外加极化的测试方法不同，电化学噪声方法对被测体系没有扰动，可以反映材料腐蚀的真实情况，能灵敏地探测到腐蚀特别是局部腐蚀过程的变化。腐蚀电化学噪声测量技术的研究涉及孔蚀、缝隙腐蚀、应力腐蚀破裂、涂层降解、微生物腐蚀、冲刷腐蚀等领域。近年来，电化学噪声的理论研究正逐步向定量的统计分析、谱分析和小波分析发展，大大拓展了电化学噪声理论和应用范围，并开始应用到工业领域腐蚀的早期检测（监测）。

6. 电阻探针

电阻探针实际上是一个装有金属试片的探头，在腐蚀介质中，金属试片的横截面积将因腐蚀而减小，从而使其电阻增大，如果金属的腐蚀大体是均匀的，那么电阻的变化率就与金属的腐蚀量成正比，周期性地测量这种电阻，便可计算出该段时间后的总腐蚀量，从而计算出金属的腐蚀速率。电阻探针仪器的优点主要有：简单、灵敏、适用性强（在任何介质中均可使用）。由于环境介质的温度、流速、金属材料的成分和热处理以及电极表面制备等方面的偏差，或者探针表面存在的外来物质（如腐蚀产物），均会影响到测量结果的精度和可靠性。该方法也不适用于监测局部腐蚀。在电阻探针基础上发明的磁阻探针技术，其原理是当电流由于薄膜元件腐蚀而减小时会引起磁场的微弱改变，探针内部的磁阻传感器对微弱磁场改变具有极高的灵敏度（类似于硬盘中磁阻磁头），因此该技术相对于普通电阻探针具有更高的检测灵敏度。

7. 腐蚀预测

近二十年来，根据大量实验室和现场的腐蚀数据，许多石油公司和研究机构提出了不同的预测模型。对于相同的实例，采用不同的预测模型其预测结果相差很大，这是由于各个模型所基于的机理和考虑的影响因素不同所致。目前，国际上关于 CO_2 腐蚀速率预测模型主要可分为三类，即经验型预测模型、半经验型预测模型和机理型预测模型。

8. 管道全周向腐蚀监测

这种监测方法的特点是实现了对管道的全周向腐蚀程度的监测，能提供全周向的平均腐蚀速率，也能提供管道 360° 方向上任一方向的局部腐蚀速率。这类监测方法是一种非插入式的监测方法，通过一段与管道材质完全一致的测试短管与工艺管道焊接（法兰连接）在一起，其寿命与管道的设计寿命匹配，在管道的运行过程中不需要更换测试电极。虽然这种监测方法的灵敏度比电阻法低，但是特别适用人工检测很困难的管道，例如海底管道或需要频繁清管的重要的埋地管道。

9. 化学分析方法

该方法包括测量被腐蚀的金属离子含量（如铁、锰含量分析），或残余缓蚀剂浓度，溶液的 pH 值等。该方法应用各种分析手段，了解腐蚀及环境的变化，推测腐蚀程度，对了解整个集气管道的腐蚀现状具有重要意义；但该方法需要分析化学专业人员，干扰因素多，不易控制。

10. 超声波壁厚测量

对于测量管道或容器的剩余壁厚，超声波检测技术的适用性比较强。在管道和容器上测量的位置要有明显的记号，这样在下一次测量时可以找到相同的位置，使测量具有连续性。如果存在局部腐蚀坑，可以用超声波扫描技术从外部对蚀坑的长度和深度进行测量。

三、综合防腐效果评价与调控技术

腐蚀防护的本质就是在保证安全的前提下对初期投资成本和后期维护成本之间权衡的结果。使用耐蚀合金管材的防腐效果好，在其有效期内，无须其他配套措施，但合金钢管材价格较高，初期投资大，不太适合低产油田。使用普通碳钢油管成本较低，但防腐性能差，结合低渗透油田的生产现状和 CO_2 驱注采井工况特点，实际工程运用时，单一的腐蚀防护技术通常难以取得很好的效果，通常采取材料防腐、缓蚀剂防腐、工艺防腐等多种方法联合使用，其优点是初期投入小，保护效果较为可靠，但需要配套稳定的药剂、人工及管理维护费用。

针对 CO_2 驱工业化应用和全生命周期防腐需求，形成了以"碳钢+环空保护液"结合的注入井防腐技术、以"碳钢+缓蚀剂+加药工艺+监测技术"集成的采油井防腐技术，实现 CO_2 驱全过程防腐。根据腐蚀规律认识及注采井井身特点，使用针对性工艺防腐技术方法，减少 CO_2、水质、细菌等腐蚀介质与井筒管柱的接触，改善注采井筒服役环境，实现系统的工艺防腐（表 4-3）。

表 4-3　CO_2 驱注采井防腐措施

井别	材质防腐	缓蚀剂防腐	工艺防腐
注气井	防腐井口、封隔器、涂层	水基环空保护液	抗 CO_2 腐蚀水泥、气密封管柱、气密封封隔器
		油基环空保护液	
采油井	防腐井口、不锈钢金属复合防腐耐磨泵、抗 CO_2 腐蚀气锚	抗 CO_2 缓蚀剂	抗 CO_2 腐蚀水泥、气密封套管
		复合型缓蚀剂	

CO_2 驱注采井固井时需选用 CO_2 防腐水泥，将油层套管外的水泥返高尽量设计高一些，阻止外部水源及 CO_2 侵入引起的套外腐蚀。注采井筒采用气密封管柱与气密封封隔器，避免 CO_2 及注入水渗入油套环空，引起油套管腐蚀结垢。

1. 注入井防腐技术

对于常规水驱注入井转注气井，由于之前使用的是非防腐、非气密封套管，所以存在腐蚀和漏气的风险，在生产运行过程中要加强监测跟踪评价，保障安全生产。对于新钻井，完井时要求油层套管生产层顶界 50~100m 以下使用套管耐蚀合金钢气密封套管，以上使用碳钢气密封套管，使用 CO_2 防腐水泥浆，水泥返高至井口，油套环空添加环空保护液防腐。

1）材质防腐

注气井长时间停注或采取水气交替时，井筒内会出现饱和 CO_2 湿气，产生腐蚀，因此井口采用防腐井口，封隔器本体及胶筒采用耐 CO_2 腐蚀材料，提高关键部位防腐性能。

2）缓蚀剂防腐

封隔器以上环空加注油套环空保护液，避免 CO_2、注入水渗入后油套管腐蚀问题，保障油套管防腐效果。水气交替时加注缓蚀剂段塞，避免 CO_2 与水频繁接触导致油管内腐蚀结垢问题，延长注气井检管周期。

注气井环空缓蚀剂的注入一般采用泵车注入，完井时从油套环空注入环空保护液，至油管返出后，坐封封隔器。在生产运行阶段，利用液面测试仪器测液面高度，定期利用泵车进行补加。

3）工艺防腐

选择气密封螺纹油管和封隔器，防止腐蚀介质进入油套环空，引起油套环空压力上升和油套管 CO_2 腐蚀问题，保障井筒完整性。

2. 采油井防腐技术

对于常规水驱老井转 CO_2 驱采油井，由于使用非气密封套管，存在腐蚀和漏气的风险，在生产运行过程中要加强监测跟踪评价，保障安全生产。对于新钻井完井时要求二开井身结构，油层套管使用碳钢气密封螺纹套管，使用 CO_2 防腐水泥浆，水泥返高至井口，油套环空投加缓蚀剂防腐。

1）材质防腐

由于采油井含水、CO_2、矿化度高，较易发生腐蚀，因此井口采用防腐井口，抽油泵选择防腐耐磨泵，柱塞、阀球、阀座、气锚等部件需抗 CO_2 腐蚀（不锈钢），提高关键部位防腐性能。

2）药剂防腐

为避免 CO_2 对油井杆管的腐蚀，需要从环空投加针对性防腐药剂，保障油套管防腐效果，提高油井免修期和生产安全性。根据连续或间歇加药工艺原理，建议采用连续加药工艺为主体，间歇加药为辅助的加药模式，满足矿场药剂防腐需求。

3）加药工艺

连续加药方式：将药剂按一定浓度连续均匀注入井筒，在井筒中维持成膜浓度达到缓蚀剂膜的动态修复平衡。利用恒流加药装备，根据产液量和加药量的变化，智能化调节加药频率和流量，实现采油井油套环空的精确加药，旁通设置快速加药流程，保证大剂量加药需求。

间歇加药方式：对于套压较高或连续加药装置维护期间的油井，采用高压加药车将高浓度药剂（吸附性型、成膜型缓蚀剂）按周期一次投加，使缓蚀剂在管柱表面吸附，形成药剂保护膜，缓蚀剂的膜维持的时间决定了加药周期，保证矿场防腐效果。

3. 防腐效果调控

加药制度是防腐药剂矿场应用效果的保障，药剂使用浓度、加药工艺、加药周期是合理加药制度确定的前提。针对优选出的防腐药剂体系，确定加药浓度、配套加药工艺、优化加注周期，形成合理的油井加药制度。

1）加药工艺优化

影响加药工艺实施的主要因素为药剂性能和油井生产参数两个方面，药剂性能包括药剂体系缓蚀类型、扩散性能，油井生产参数包括套压、动液面等变化情况。

有效的防腐药剂加药方式是保证防腐效果的重要手段，确定合理的加药方式才能使防腐药剂在金属表面形成连续、完整的防腐药剂保护膜，确保防腐保护效果最佳。

根据采油井防腐药剂加注需求，结合采出井套压、动液面等变化情况，提高药剂利用率的同时，保障了矿场防腐效果。当套压变化大或套压大于连续加药装置额定使用压力时，推荐使用高压加药车进行加注，保证矿场防腐需要。

2）加药浓度确定

确定合理的防腐药剂浓度，避免药剂使用量的浪费和不足，可以在保障防腐效果的同时，降低药剂使用的成本。结合矿场采油井工况，研究药剂临界使用浓度和原油吸附对防腐药剂浓度的影响，确定合理的油井加药浓度。由于采油井的介质属于油气水三相混合系统，所处环境复杂，杆管表面处于非清洁状态，对药剂性能要求更高。根据采油井产液量、含水、水质、CO_2 含量、井底流压等生产参数，设计矿场加药浓度。

3）加药周期确定

采用连续加药装置的采油井的加药周期是连续加药装置储药罐中药剂量的有效使用时间，根据储药罐液位变化情况及时添加药剂。

间歇加药井的加药周期是根据油井一次性加药后井口采出液中防腐药剂残余浓度低于有效浓度所需的时间。根据药剂主要成分，利用紫外分光光度法检测出防腐药剂在返排过程中的残余防腐药剂浓度，确定井内返出流体中防腐药剂的残余浓度。

针对吉林油田 CO_2 驱低渗透油田单井产量低的特点，自主研发了 CO_2 防腐药剂体系，形成了以"碳钢 + 缓蚀剂"为主，关键部位采用耐腐蚀材料的低成本防腐技术路线。

根据大情字油田 CO_2 驱油井药剂类型、加药浓度、加药工艺、加药周期优化结果，结合油井生产参数（CO_2 含量、产液量、含水等），形成了有针对性的防腐加药制度，实现了"一井一策"的腐蚀防护对策，连续加药井防腐药剂加药浓度控制在 80~120mg/L 之间，间歇加药井防腐药剂加药浓度在 100~150mg/L 之间，加药周期为 4d。试验区注采系统监测表明，起出管柱、泵筒等部件均未发现明显腐蚀，井下监测取出 129 个监测点，矿场腐蚀监测数据总体低于行业标准（0.076mm/a），满足矿场防腐、安全需求（表 4-4、表 4-5 和图 4-5）。

表 4-4　油井加药浓度设计

加药井类型	根据油井生产状况确定加药量 / （mg/L）		
	含水率大于 30%、CO_2 分压大于 0.21MPa	含水率小于 30%、CO_2 分压大于 0.21MPa	含水率小于 30%、CO_2 分压小于 0.21MPa
连续加药井	120	100	80
间歇加药井	150	120	100

表 4-5　注采井系统防腐应用效果

名称	材料选择	主要接触介质	监测（检测）	防腐效果
CO_2 驱注气井	碳钢	CO_2，水，SRB	挂环，探针，残余浓度	＜ 0.076mm/a
CO_2 驱采油井	碳钢	CO_2，油，水，SRB	挂环，挂片，探针，残余浓度	＜ 0.076mm/a

（a）CO_2 注气井服役 6 年起出油管形貌

（b）油井免修期 700 天检泵分析形貌

图 4-5　注采系统起出管柱防腐效果

▶▶ 参考文献 ▶▶

[1] 李章亚 . 油气田腐蚀与防护技术手册 [M]. 北京：石油工业出版社，1999.

[2] 克曼尼 M B，史密斯 L M. 油气生产中的 CO_2 腐蚀控制：设计考虑因素 [M]. 王西平，等译 . 北京：石油工业出版社，2002.

[3] 张学元，邸超，雷良才 . 二氧化碳腐蚀与控制 [M]. 北京：化学工业出版社，2000.

[4] 王峰，陈丙春，郑雄杰，等 . CO_2 驱油及埋存技术 [M]. 北京：石油工业出版社，2019.

第五章　剖面调整与控制技术

陆相沉积低渗透油藏裂缝发育、非均质性强，CO_2 驱替过程中存在各油层吸气不均匀，个别油井单层突破，油气比上升，波及体积受限的问题，因此进行 CO_2 驱剖面调整与控制十分必要。本章重点介绍 CO_2 突破类型与层位识别、剖面调整与控制技术、剖面调整与控制技术优化设计。

第一节　突破类型与层位识别方法

一、突破方向监测技术

CO_2 驱可运用井间地震法、大地电位法、微地震法及示踪剂等技术监测 CO_2 驱注气前缘。

井间地震法测试：可以对井间地层、构造、储层等地质目标进行精细成像，能够精确地描述储层横向变化及连通性等特征。

大地电位法：通过测试 CO_2 注入前后对地层的电阻率的影响，从而使地层的电位发生变化，这样便可以监测 CO_2 运移前缘。

微地震法：测试是通过改变注入量所引起地下微地震分布范围来判断注气前缘（图 5-1）。

1. 裂缝方位监测技术

CO_2 驱现场试验过程中，运用井下微地震方法、大地电位法等监测技术监测裂缝方位。利用井下微地震方法进行裂缝方位监测，监测结果可确定主、次裂缝方向。利用大地电位法对重复压裂井进行了裂缝方位监测，测试结果可解释裂缝方向（图 5-2 和图 5-3）。

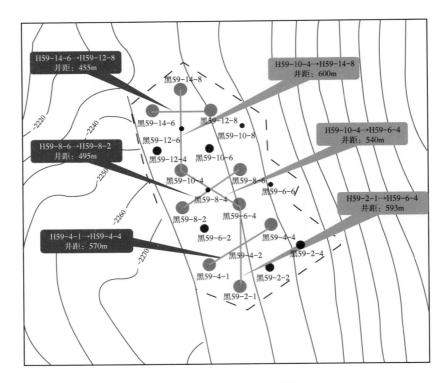

图 5-1　井间地震测试剖面（单位：m）

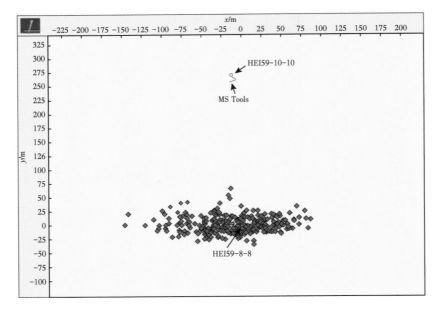

图 5-2　黑 A 井裂缝监测图

通过对比两次裂缝方位监测结果，微地震与大地电位测试结果基本一致，并且与气窜方向相同，两种监测方法都能满足 CO_2 驱现场试验需要。

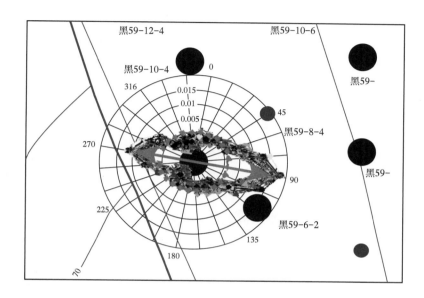

图 5-3　黑 B 井 7 号小层

2. 井间示踪监测技术

井间示踪测试是从注入井注入示踪剂段塞，然后在周围生产井监测其产出情况，绘出示踪剂产出曲线，产出曲线包括油藏和油井的信息，不同的地层参数分布、不同的工作制度对应不同的示踪剂产出曲线的形状、浓度高低、到达时间等。通过测试结果分析可明确总体运移速度、不同井示踪剂峰值浓度差异性、方向性及二线井见剂情况（图 5-4 和表 5-1）。

表 5-1　黑 59 区块气相示踪剂运移情况表

见剂方向	见剂井数	峰值浓度 /（μL/m³）		井距 /m	时间 /d		运移速度 / m/d
		平均	范围		平均	范围	
北东向	6	30.6	0.33~179.52	276	37.0	15~67	10.60
北西向	6	16.6	0.23~93.81	276	54.3	14~93	8.05
东西向	1	0.3	0.30	479	15.0	15	31.90

续表

见剂方向	见剂井数	峰值浓度 /（μL/m³）		井距 /m	时间 /d		运移速度 / m/d
		平均	范围		平均	范围	
南北向	6	22.1	0.70~110.80	288	46.7	14~78	8.75
二线受效	19	11.1	0.30~179.67	772	49.0	13~115	24.20
平均（合计）	38	16.5	0.23~179.60	531	46.7	13~115	17.30

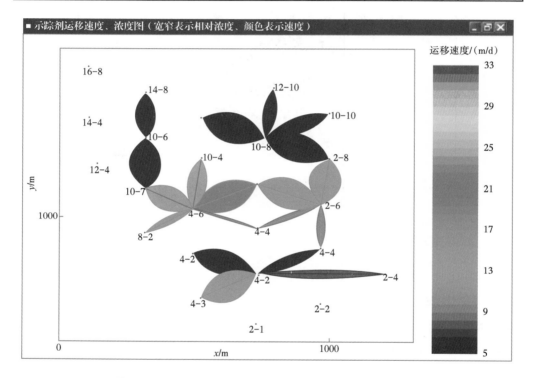

图 5-4　黑 59 试验区一线井示踪剂运移速度、浓度示意图

二、突破层位识别

1. 吸气剖面监测技术

CO$_2$ 驱现场试验过程中，运用多参数测吸气剖面（非集流、存储式）监测技术，进行了流量、温度、压力剖面等多个参数联测，实现了 CO$_2$ 驱试验注入井井筒流体相态及流体物理属性监测；利用差减法计算各段流量，定性监测各层段吸气状况（图 5-5 和图 5-6）。

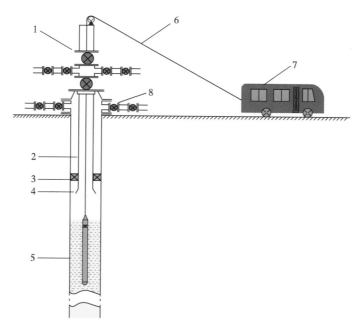

图 5-5　吸气剖面仪器示意图

1—防喷管；2—油管；3—封隔器；4—喇叭口；5—仪器；6—试井钢丝绳；7—试井车；8—注气管线

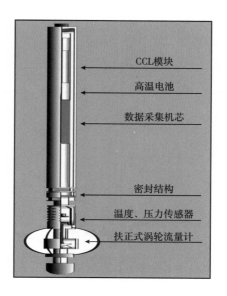

CCL模块

高温电池

数据采集机芯

密封结构

温度、压力传感器

扶正式涡轮流量计

图 5-6　井下仪器结构简图

　　注气多次测量结果（图 5-7）基本相同，证明从定性角度上看，通过压力、温度及吸气指数等多参数测注 CO_2 气井吸气剖面满足注气前后储层吸气变化分析。

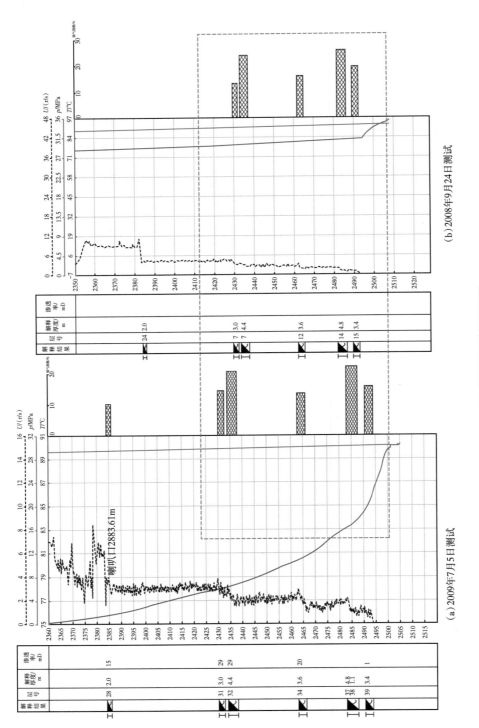

图 5-7　吸气剖面测试数据解释样图

利用产液剖面测试资料中的温度数据，可以判断采油井 CO_2 突破层位，及时采取调堵措施（图 5-8）。

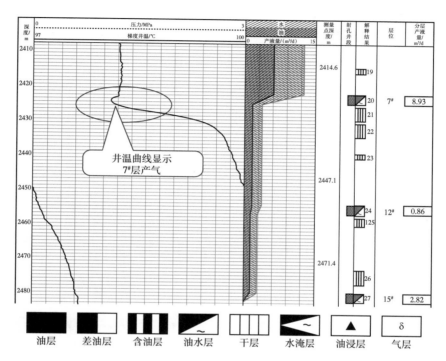

图 5-8　产液剖面测试曲线

2. 注气井注入动态分析

监测注气井之间的压力变化，停注 1 口井观察另 1 口井压力维持情况，观察压力方向性变化情况，可认识天然裂缝与人工裂缝对注气突进方向的影响。

第二节　WAG 调控技术

对于具有一定注水能力、较强非均质性的低渗透油藏，"水气交替注入技术"是解决层间或层内非均质性、提高采收率的有效手段。

一、提高采收率原理

水气交替注入（WAG）是注水和注气两种传统采油方法的综合，是二次采油和三次采油中颇具潜力的一种方法。提高原油采收率原理在于良好的流度比控制和连通了水驱未波及的区域，特别是通过水气的重力分异作用。气体分异到顶部，水积累到底部驱替原油。通过注入水控制流度，稳定驱替前缘来提高气相的波及效率，加之气驱油较水驱油有更好的微观驱替效率，水气交替驱油技术综合了气驱提高微观驱替效率和水驱提高宏观波及效率两大优点。CO_2 转WAG 时机和水气段塞的大小、比例的正确选择直接影响到地层压力的稳定和WAG 驱替效果，对水驱＋气驱提高采收率整体潜力的发挥非常重要。

二、影响因素

1. 水气比对 CO_2 驱开发效果影响室内实验研究

实验内容：采用纯度为 99.9% 的 CO_2 作为注入气，进行长岩心 CO_2 驱油室内模拟实验，测定不同注气段塞（水气比为 1∶1、1∶2、2∶1 等）驱油以及水驱油、CO_2 气驱油的驱油效率。

主要实验设备：美国产 Ruska PVT-3000 高压物性实验装置 1 台；美国产CFS-100 多功能综合驱替系统 1 台（150℃ 恒温箱、长度 120cm 高温高压岩心夹持器一个）；中间容器若干、精密压力表（0~60MPa）、数值压力表若干、阀门若干、手动计量泵、回压阀、增压泵、围压泵、管线若干。

实验条件：地层压力 24.5MPa；地层温度 98℃。

实验步骤：（1）测定岩心的直径和长度；（2）洗岩心，烘干，测定干重；（3）采用氮气测定岩样孔隙度和渗透率；（4）排列岩心；（5）将岩心抽真空；（6）饱和地层水；（7）取出岩心称取饱和水后湿岩心质量；（8）将岩心装入清洗过的岩心夹持器内；（9）测定岩心水相渗透以及计算岩心的孔隙度；（10）饱和地层油，造束缚水；（11）进行不同水气段塞驱替实验，记录相关数据。

实验结果分析：对于不同注气段塞（水气比为 1∶1、1∶2、2∶1）以及水驱油、CO_2 气驱油实验，其驱替介质的注入体积与采收率、含水率、气油比和压力梯度之间的规律十分明显。其中，水气比为 1∶2 的段塞驱油效果最好，其最终采收率为 60.45%；水气比为 2∶1 的段塞驱油效果较好，其最终采收率为 54.24%；水气比为 1：1 的段塞驱油效果居中，其最终采收率为 50.91%；CO_2 连续驱油效果较差，其最终采收率为 45.16%；水驱油效果最差，其最终采收率为 39.50%。

实验研究表明，对于不同注气段塞（水气比为 1：1、1：2、2：1），在驱替过程中会出现 CO_2 气体和水的交替突破，并且在突破过程中，会出现产油量的突增，使采收率呈阶梯状上升（图 5-9）。

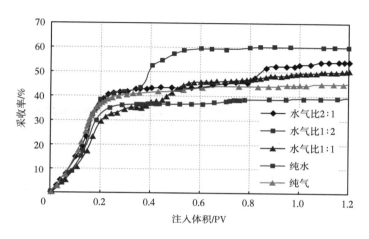

图 5-9　不同注气段塞采收率对比图

对比水驱油、CO_2 气驱油及不同注气段塞（水气比为 1：1、1：2、2：1）实验最终采收率，最终采收率呈递增趋势，符合线性变化规律（图 5-10）。

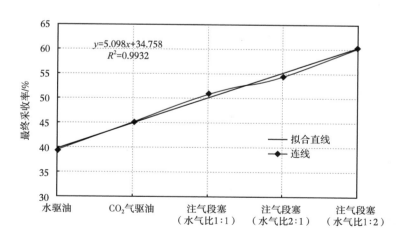

图 5-10　不同注气段塞最终采收率对比图

对于不同注气段塞（水气比为 1∶1、2∶1）以及水驱油实验，三者见水时的注入体积十分接近，约为 0.2PV。而对于注气段塞（水气比为 1∶2），其见水时的注入体积约为 0.25PV。这主要是因为，在不同注气段塞的实验中，先开始注入的驱替段塞为 CO_2 气体，所以会导致水气比为 1∶2 实验中产出液见水时间的延迟。同时，当产出液中开始出现水时，其含水率上升十分迅速。随着驱替的进行，不同注气段塞驱油实验的产出液含水率会出现大幅度的变化。在含水率出现突减时，其反映在注入体积—采收率曲线上为采收率的阶梯状上升（图 5-11）。

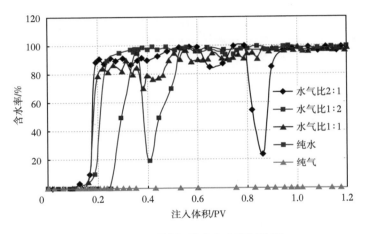

图 5-11　不同注气段塞含水率对比图

实验研究表明，不同注气段塞（水气比为 1∶1、1∶2、2∶1）的见气时间较为一致，即注入体积约为 0.2PV；CO_2 气驱油，气体突破时的注入体积为 0.15PV。不同注气段塞的气油比如图 5-12 所示。

从压力梯度变化中可以看出，不同注气段塞（水气比为 1∶1、1∶2、2∶1）以及水驱油、CO_2 气驱油的压力梯度变化有着明显的区别（图 5-13）。

不同注气段塞（水气比为 1∶1、1∶2）驱油的压力梯度变化与注气段塞（水气比为 2∶1）驱油的压力梯度变化有着十分明显的差别。这主要是因为后者段塞中水占主要部分，驱替液体（地层水）不溶于油，在长岩心驱替过程中存在两相流动，增大了液体流动阻力，从而导致压力梯度的增大。结合含水率图和气油比图可以看出，实验过程中压力梯度的波动是伴随着含水率的变化和 CO_2 气体的突破的。水驱油实验过程中，在水突破前其压力梯度增长明显，在水突破后则变化不大。CO_2 气驱油实验过程中，CO_2 气体开始时给定的压力较大，所以其压力梯度上升段较短。在 CO_2 气体突破后，其压力梯度先突减后平缓减小。

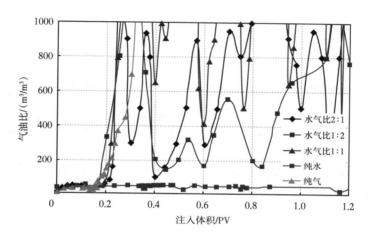

图 5-12   不同注气段塞气油比对比图

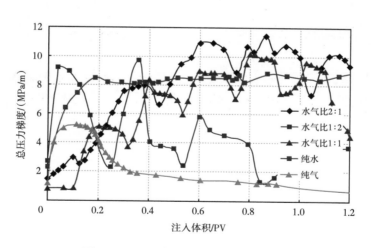

图 5-13   不同注气段塞压力梯度对比图

2. 二维剖面模型水气比对 CO_2 驱开发效果影响

主要应用四个典型剖面利用数模研究在注入采出条件不变的情况下，选

择连续 CO_2 驱过程中气油比为 $200m^3/m^3$、$400m^3/m^3$、$600m^3/m^3$、$800m^3/m^3$、$1000m^3/m^3$ 时转为 WAG，比较水气比 3∶1、2∶1、1∶1、1∶2、1∶3 条件下的最终采收率，为黑 59 试验区实施水气交替注入扩大波及体积、进一步提高采收率提供理论依据。

　　方案为保持注采井工作制度不变，预测总时间为 25 年，比较 5 个转注时机和 5 个水气比条件下的采收率、气油比等开发参数。各剖面计算结果见表 5-2 和图 5-14 至图 5-17。

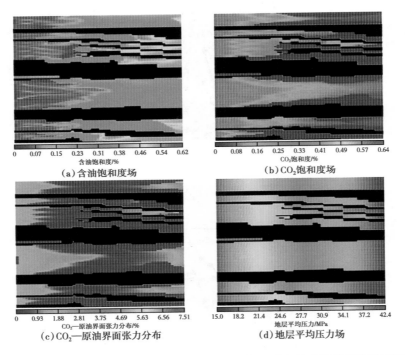

（a）含油饱和度场　　　　　　　　（b）CO_2饱和度场

（c）CO_2—原油界面张力分布　　　　（d）地层平均压力场

图 5-14　物性差 H59-8-8 剖面最佳转 WAG 时机及水气比方案预测参数场图

　　由各剖面最佳 WAG 转注时机及水气比预测波及体积统计可以看出，随着转注时机的延后及水气比的降低，H59-8-8 剖面最终采收率呈逐渐下降趋势，最终气油比呈增加趋势（表 5-2）。气油比 $600m^3/m^3$、$800m^3/m^3$、$1000m^3/m^3$ 时转注 WAG，水气比的大小对最终采收率已无很大影响；水气比 2∶1 在每个转注时机下的最终采收率水平都较高，其中气油比 $200m^3/m^3$ 时转注水气比为 2∶1 条件下的最终采收率最高，达到 53.21%，最终气油比控制也较好，为 189.42m³/m³，此方案不仅可以节约 CO_2 用量，还能最大限度地发挥 WAG 注入方式提高采收率的潜力。综合以上分析确定物性较差类型油藏的代表 H59-8-8 剖面的最佳转注时机为连续气驱气油比 200m³/m³，最佳水气比为 2∶1。图 5-14 所示为该剖面在最佳方案条件下预测 25 年的各参数分布场图。

H59-10-6 剖面与 H59-8-8 情况较为相似，但各方案最终采收率较 H59-8-8 剖面低 7%~10%，并且由于受到油藏物性不稳定的影响，各方案气油比的控制非常不理想，最高已经接近 7000m³/m³。从气油比的控制和最终采收率的角度出发，确定物性变化类型油藏的代表 H59-10-6 剖面的最佳转注时机为连续气驱气油比 400m³/m³，最佳水气比为 2∶1。图 5-15 所示为该剖面在最佳方案条件下预测 25 年的各参数分布场图。

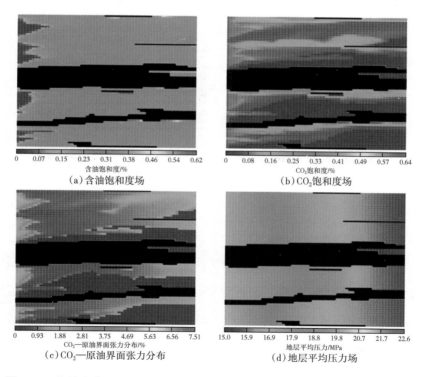

0   0.07   0.15   0.23   0.31   0.38   0.46   0.54   0.62
含油饱和度/%
（a）含油饱和度场

0   0.08   0.16   0.25   0.33   0.41   0.49   0.57   0.64
CO_2饱和度/%
（b）CO_2饱和度场

0   0.93   1.88   2.81   3.75   4.69   5.63   6.56   7.51
CO_2—原油界面张力分布/%
（c）CO_2—原油界面张力分布

15.0   15.9   16.9   17.9   18.8   19.8   20.7   21.7   22.6
地层平均压力/MPa
（d）地层平均压力场

图 5-15　物性变化 H59-10-6 剖面最佳转 WAG 时机及水气比方案预测参数场图

天然裂缝的存在对 H59-12-4 剖面驱油效率影响严重并且加剧了气窜，最高采收率虽然与 H59-10-6 剖面接近，但由于气油比 200m³/m³ 时转注连续气驱 CO_2 注入基数小而最终气油比仍旧处于较高水平，CO_2 的产出量相对较大，利用率较低，所以认为黑 59 试验区天然裂缝性油藏水气交替注入过程中应采取大于 3 的水气比，或者直接采用 WAG 注入方式。图 5-16 所示为该剖面在最佳方案条件下预测 25 年的各参数分布场图。

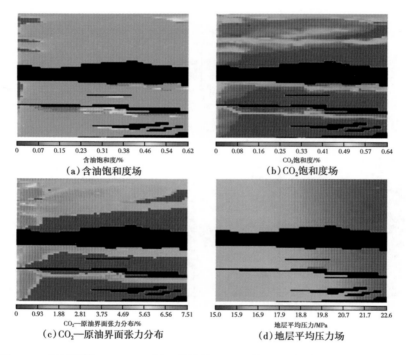

图 5-16　天然裂缝 H59-12-4 剖面最佳转 WAG 时机及水气比方案预测参数场图

H59-14-8 剖面的计算结果与 H59-8-8 剖面最为相似，只是由于物性相对较好，最终气油比稍高。利用同样的分析方法确定物性较好类型油藏的代表 H59-14-8 剖面的最佳转注时机为连续气驱气油比 200m³/m³，最佳水气比为 2∶1。图 5-17 所示为该剖面在最佳方案条件下预测 25 年的各参数分布场图。

统计了各剖面在最佳 WAG 方案条件下预测 25 年后的水、CO_2 总波及体积，见表 5-2。从表 5-2 中可以看出，各剖面波及体积较水 +CO_2 驱的波及体积均有较大幅度的上升，其中物性较好的 H59-14-8 剖面增加幅度最大，达到了18.55%，从而利用油藏数值模拟手段证明了 CO_2-WAG 驱替能够有效扩大波及体积、提高原油采收率。

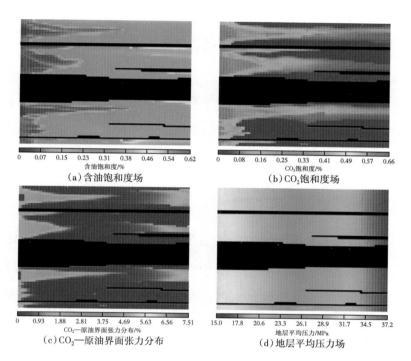

0 0.07 0.15 0.23 0.31 0.38 0.46 0.54 0.62 含油饱和度/% （a）含油饱和度场	0 0.08 0.16 0.25 0.33 0.41 0.49 0.57 0.66 CO_2饱和度/% （b）CO_2饱和度场
0 0.93 1.88 2.81 3.75 4.69 5.63 6.56 7.51 CO_2—原油界面张力分布/% （c）CO_2—原油界面张力分布	15.0 17.8 20.6 23.3 26.1 28.9 31.7 34.5 37.2 地层平均压力/MPa （d）地层平均压力场

图 5-17　物性较好 H59-14-8 剖面最佳转 WAG 时机及水气比方案预测参数场图

表 5-2　各剖面最佳 WAG 转注时机及水气比预测波及体积统计

剖面名称	网格数量	WAG 转注时机 GOR/（m^3/m^3）	水气比	水、CO_2 波及网格数量 / 个	较水 +CO_2 驱替扩大波及体积 /%
物性差 H59-8-8	4144	200	2:1	2648	6.27
物性变化 H59-10-6	3266	400	2:1	2320	12.61
天然裂缝 H59-12-4	3643	200	3:1	2124	18.12
物性较好 H59-14-8	3105	200	2:1	1744	18.55

3. 三维地质模型 WAG 驱替对 CO_2 驱开发效果影响

采用三维地质模型应用数模手段分别研究原始油藏油井不压裂及压裂投产

水气比对 CO_2 驱开发效果影响。

（1）原始油藏 WAG 数模方案：黑 59 区块原始油藏地质模型，440m×140m 菱形反九点面积井网，油井 25 口，注入井 6 口，单井日注气（水）40t，连续注气一年后，转 WAG 驱 10 年，然后转水驱至 2026 年，研究 WAG（注水月份：注气月份）分别为：1∶1、1∶2、2∶1、2∶2、2∶3、2∶4、3∶2、4∶2、6∶6、12∶12 时，对 CO_2 驱开发效果影响。

对比不同 WAG 数模方案计算结果：WAG 驱替注入气比例越大，气油比上升越快且上升幅度大；开展 WAG 驱替后，地层压力呈现下降趋势，但注入气比例越大，地层压力保持水平越高。

分析不同水气比累计产油情况，WAG（注水月份：注气月份）分别为：1∶1、1∶2、2∶1、2∶2、2∶3、2∶4、3∶2、4∶2、6∶6、12∶12 时，对应的累计产油量分别为：$33.06×10^4t$、$33.69×10^4t$、$33.06×10^4t$、$33.78×10^4t$、$32.97×10^4t$、$32.91×10^4t$、$33.43×10^4t$、$32.59×10^4t$、$33.35×10^4t$、$33.60×10^4t$，对于储量 $102×10^4t$，各种水气比采出程度相差不明显，10 年各种水气比采出程度相差为 0.32%~1.17%。因此，水气比对 CO_2 驱整体增油效果影响不明显，但对于控气窜效果较佳，从长远效果看，尽可能选择注入气体比例大的 WAG 驱，矿场易于操作 WAG 气水比实施，从而控制气窜。对比数模各类指标认为水气比为 2∶2、3∶2、2∶1、1∶1 较合理，具体选择可根据矿场操作切换需要及 CO_2 气源情况决定。

（2）油井压裂投产 WAG 数模方案：黑 59 区块概念模型，采用 560m×240m 菱形反九点面积井网，油井 15 口，注入井 4 口，水井小规模压裂，油井常规压裂，单井日注气（水）40t，连续注气 3 年，转 WAG 驱 5 年，然后水驱至 2021 年，对比水气比分别为 1∶1、1∶2、2∶1、2∶2、2∶3、2∶4、3∶2、4∶2、6∶6、12∶12 时，对 CO_2 驱开发效果影响。

数模计算结果表明：油井压裂条件下，不同水气比驱油表现出的总体开发动态与不压裂不同水气比开发动态规律具有相似性，从 10 年开发期累计产油看，水气比分别为 1∶1、1∶2、2∶1、2∶2、2∶3、2∶4、3∶2、4∶2、6∶6、12∶12，累计产油量分别为：$27.42 \times 10^4 t$、$27.88 \times 10^4 t$、$28.42 \times 10^4 t$、$27.33 \times 10^4 t$、$28.36 \times 10^4 t$、$28.50 \times 10^4 t$、$27.56 \times 10^4 t$、$27.29 \times 10^4 t$、$28.08 \times 10^4 t$、$27.96 \times 10^4 t$，累计产油量相差为（$0.09 \sim 1.19$）$\times 10^4 t$、采出程度相差 $0.8\% \sim 1.16\%$。

三、应用实例

水气交替驱油是 CO_2 驱油的主体技术之一，可以有效控制气油比上升，扩大波及体积，提高开发效果。由于吉林油田黑 59 区块油藏非均质性严重，天然裂缝发育，且与人工裂缝相互沟通、流度比控制措施滞后等原因，自 2010 年 9 月开始，试验区高含 CO_2 井、气油比大幅上升井增多，气窜井达到 6 口，直接影响 CO_2 驱最终效果。黑 59-12-6 井组 3 口井紧邻断裂，裂缝发育，发生气窜，泡沫调剖等方面由于试验阶段注入量低、封堵裂缝有效期短，未能长期控制气窜。因此，于 2010 年 1 月编制《大情字井油田黑 59 区块 CO_2 驱试验区水气交替驱试注方案》，建议在黑 59-12-6 井组现场实施 WAG 驱替，探索矿场水气交替注入规律，分析水气交替试验效果，为解决矿场面临的气窜及扩大 CO_2 驱波及体积等问题奠定基础。

1. 水气交替与连续注气的对比

CO_2 驱油注入方式有连续注气和交替注入两种。连续注气方式气油比上升快，而水气交替能控制流度比，抑制气窜，扩大波及体积，并能大幅度降低注气成本。虽然在相同时刻水气交替产量稍低于连续注入，但对于黑 59 试验区来讲，在累计注气量一样时，水气交替采出程度较高，且注入成本较低。

2. 水气交替驱注气量的确定

通过数值模拟方案对比，日注气量为 40t 时可以有效保持地层压力在最小混相压力之上，且用气量比日注气 50t 时少；日注气量 40t 时的累计产量与日注气量 50t 的累计产量在注气后期差别较小，但气油比上升比日注气量 50t 的方案要低，因此注气量仍然采用连续注气时的注气水平，即单井日注 40t 液态 CO_2。

3. 注水量的确定

参照大情字井油田黑 59 区块注气前的平均日注水水平，注采比达到 $1.2 \sim 1.5$

时，最佳注水量为 30~40m³/d，故而选择注水量为单井日注水 35m³。

4. 水气交替驱注气时机的确定

截至 2009 年 12 月底，试验区累计注液态 CO_2 量为 $8.6×10^4t$，折合地下烃类孔隙体积 0.16HCPV。根据目前黑 59 试验区现场实际注气情况及试验区气窜情况，通过数值模拟计算，分析认为目前是开展水气交替驱的最佳时机。

为进一步控制气窜，设计从 2010 年 2 月在黑 59 试验区黑 59-12-6 井组开始实施水气交替注入。从 2010 年开始实施，有利于试验区地层压力水平的保持，能有效减缓生产井 CO_2 产气量的增加，减缓气油比的上升，保持油井稳产。

5. 水气交替驱段塞确定

设计 3 种不同注入方案进行对比计算，通过数值模拟给出气水交替方式的最优段塞组合。3 种方案分别如下。

方案 1：注 30 天气和注 30 天水交替。

方案 2：注 30 天气和注 60 天水交替。

方案 3：注 30 天气和注 90 天水交替。

通过 3 种方案的对比，注 30 天气和注 30 天水的方案比其他两种方案保持地层压力水平能力、区块累计产油量和最终采收率方面都具有较强的优势，因此采用方案 1，即水气交替段塞设计为注 1 个月气和注 1 个月水。

6. 油井间开间关对生产指标的影响

油井工作制度的调整主要是以现场操作可行，不增加现场生产人员的工作强度，同时能有效控制生产井流压，防止气窜，保持油井稳产为目的。本次方案只考察间开间关对生产指标的影响。数模共设计 3 个方案，以研究间开间关对生产指标的影响。

方案 1：注 30 天气和注 30 天水交替，油井持续生产。

方案 2：注 30 天气和注 30 天水交替，油井按开 30 天关 30 天生产。

方案 3：注 30 天气和注 30 天水交替，油井按开 60 天关 60 天生产。

计算结果表明，开 30 天关 30 天生产与开 60 天关 60 天生产这两种方案均可在水气交替的基础上进一步抑制气窜，降低气油比，并使最终采收率有所提高，但间开间关联合水气交替在早期的累计产量要低些。从最终采收率和气油比对比情况分析，最终选择开 30 天关 30 天的方案。

自 2010 年 3 月黑 59-12-6 井组执行油藏工程方案实施 WAG 驱替，黑 59-12-6 井进行水气比为 1:1 驱替时，前三个月注入压力上升 2~3MPa，继续进行 WAG 驱替，注入压力保持稳定，而井组气突破油井出现气油比下降，产量小幅度上升，但对于裂缝性储层而言，控气窜效果明显。

第三节　药剂调控技术

一、泡沫控窜技术

1. 泡沫控窜技术研究意义

泡沫是气驱控制气窜的有效方式，气泡界面变形对液流产生贾敏效应，当泡沫进入地层时，优先进入高渗透部位，贾敏效应使流动阻力逐渐增加，从而起到降低原高吸水部位的吸水能力、提高波及体积的目的。CO_2 泡沫驱综合了 CO_2 驱和泡沫驱的优点，具有增加宏观扫油面积、扩大微观波及体积、提高洗油效率等优势特点，弥补了单一 CO_2 驱油机理的不足；有利于提高原油采收率及 CO_2 地下埋存。泡沫驱作为一种提高采收率的方法，人们很早就进行了这方面的研究和探索。从 20 世纪 60 年代到现在，国内外对泡沫在地层中的渗流规律做了大量的研究工作，对泡沫驱油机理的认识日益成熟，国外学者主要对泡沫在地层中的生成、运移、稳定性、泡沫体系评价、微观实验和数学模型的建立等方面做了大量的研究工作。国内在机理研究方面起步较晚，主要在 20 世纪 90 年代末和 21 世纪初，研究主要集中在新型发泡剂的研制、泡沫封堵能力评价、调剖效果评价、驱油效果评价以及数学模型的改进等方面[1]。

2. 泡沫发泡性能研究

采用密闭搅拌法评价 CO_2 泡沫体系的发泡性能。泡沫产生的体积 V_f 越大，发泡能力越好。将泡沫析出一半液体时所需要的时间定为 $t_{1/2}$，泡沫的析液半衰期 $t_{1/2}$ 越长，泡沫稳定性能越好。泡沫的综合指数 $FCI=V_f \times t_{1/2}$，FCI 越大，泡沫的综合性能越好。

1）泡沫剂浓度对 CO_2 泡沫发泡性能的影响

在气液比相同的条件下，随着发泡剂 CYL 浓度的增加，泡沫高度、半衰期以及综合指数随之增大。这是由于浓度低时，表面吸附量小，表面张力较高，形成的泡沫液膜强度不够，随着表面活性剂浓度增加，表面吸附量随之增大，表面张力进一步降低，泡沫稳定性增强，形成泡沫能力随之增大。综合考虑起泡能力、半衰期、泡沫综合指数和经济因素，确定选用发泡剂浓度为 0.3%。

聚丙烯酰胺（HPAM）的加入增加了 CYL 发泡剂的泡沫半衰期，且 HPAM 的浓度越高，泡沫半衰期越大。聚合物作为一种增黏性稳泡剂，通过提高液相黏度来减缓泡沫的排液速率，提高泡沫的稳定性，因而可以明显延长泡沫的半衰期。HPAM 的加入提高了液相黏度，不仅使表面膜本身具有较高的强度，而且因表面黏度较高而使邻近表面膜的溶液层不易流动，液膜排液相对困难，厚度易于保存。同时，排列紧密的表面分子，还能降低气体的透过性，从而也可增加泡沫的稳定性，延长泡沫寿命。

2）气液比对 CO_2 泡沫发泡体系性能的影响

随着气液比的增大，泡沫高度随之增加。气液比由 1:2 增加到 4:1 时，泡沫高度由 11.1cm 增加到 17.5cm。结果说明，随着通入 CO_2 时间的延长，气液比增大，泡沫的质量增加，泡沫的发泡能力增强，在气液比较高的情况下，能够产生高质量的泡沫（图 5-18 和图 5-19）。

泡沫半衰期随着气液比的增大而增大。气液比由 1:2 增加到 4:1 时，泡沫半衰期增加较快。CYL 发泡剂所产生的泡沫衰变机理主要是气泡膜液体析出型，泡沫最后因液体析出变薄而破裂，实验中可以观察到此现象。同半衰期规律类似，泡沫综合指数随着气液比的增大而增大。

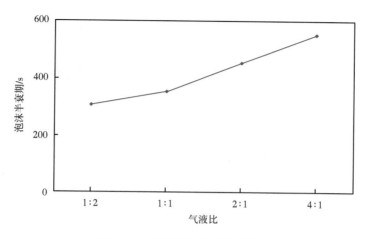

图 5-18　气液比与半衰期的关系

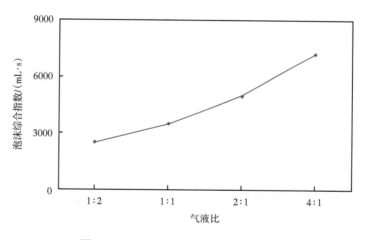

图 5-19　气液比与泡沫综合指数的关系

3）温度对 CO_2 泡沫发泡性能的影响

一方面，随着温度的升高，发泡剂溶液的泡沫体积降低，这是由于在较高温度时，泡沫排液速度加快，则泡沫容易破灭，生成的泡沫很快消失，在泡沫生成的过程中就有一些泡沫破灭，因而起泡体积降低；另一方面，发泡剂分子中亲水基的水合作用下降，疏水基碳链之间的凝聚能力减弱，使得发泡剂分子间的缔合作用减弱，而且已形成的胶束由于动能增加使其增加了相互接触的机会，从而形成带电大分子，但由于大分子之间电荷相斥而使能量增加，难以继续形成胶束，因而泡沫体积呈下降趋势（图 5-20）[2]。

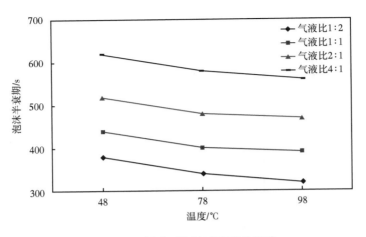

图 5-20　温度对泡沫半衰期的影响

4）矿化度对 CO_2 泡沫发泡性能的影响

发泡剂 CYL 的泡沫高度随着矿化度的增加略有下降。这是由于泡沫液膜带有相同符号的电荷，液膜的两个表面将互相排斥，以防止液膜变薄甚至破裂。当矿化度增加时，溶液中电解质浓度增加，这种斥力会减弱，膜变薄速度加快，泡沫易破裂，此效应仅在液膜较薄时才起明显作用，在矿化度越高的条件下，泡沫生成的过程中不会有泡沫破灭，发泡能力基本不变（图 5-21）。

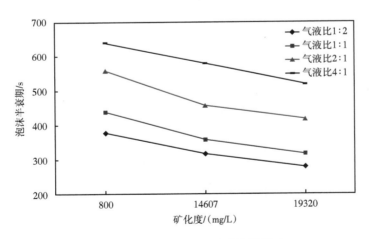

图 5-21　矿化度对泡沫半衰期的影响

泡沫半衰期随矿化度增加下降幅度较大。矿化度越高，泡沫的稳定性越差。这一点从泡沫的形成过程中也可以看出，矿化度越高，产生的气泡的直径越大，液膜越薄，泡沫就越容易破灭，从而导致半衰期下降，CYL 发泡剂的稳泡能力变弱。

5）pH 值对 CO_2 泡沫发泡性能的影响

用矿化度为 14607mg/L 的吉林地层模拟水配置的 0.3% 的 CYL 的泡沫液的 pH 值为 8，随着乙酸的加入，pH 值逐渐降低，泡沫液体呈酸性，CYL 的泡沫高度略微增大，这是由于酸性越强，发泡液的表面张力越低，发泡能力随之增强（图 5-22）。

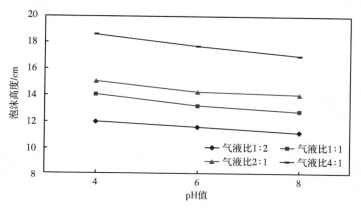

图 5-22　pH 值对泡沫高度的影响

随着酸性的增强，泡沫的半衰期逐渐降低，这主要是由于起泡剂是阴离子型表面活性剂，酸性越强溶液中游离的氢离子浓度增大，表面吸附分子排列的紧密和牢固程度变差，液膜排液相对容易，厚度难于保持，同时，排列松散的表面活性剂分子提高了气体的透过性，从而降低了泡沫的稳定性（图 5-23）。

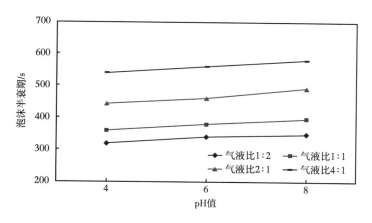

图 5-23　pH 值对泡沫半衰期的影响

3. 泡沫封堵性能研究

选择 CYL 发泡剂，在注液速度 0.2mL/min、温度为 98℃、系统回压为 30MPa 的条件下，研究了发泡剂浓度、气液比和注入速度对泡沫稳定渗流压力的影响，评价其封堵效果。实验装置及流程图分别如图 5-24 和图 5-25 所示。

图 5-24　高温高压泡沫评价装置

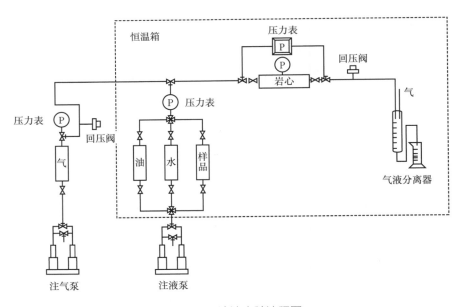

图 5-25　渗流实验流程图

1）发泡剂浓度对封堵能力的影响

在 CYL 发泡剂的质量浓度为 0.3%、气液比为 1:1 时，发泡剂和 CO_2 同时注入时的注入压差随 PV 数变化曲线如图 5-26 所示。

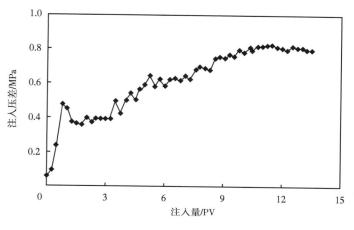

图 5-26　注入压差随 PV 数变化曲线

随着发泡液注入 PV 数的增加，泡沫在岩心中的流动阻力增大，注入压差增加。泡沫体系在多孔介质中渗流时是不断地破裂与再生的，表现为注入压差上下波动，但是波动幅度不太大。随着注入发泡剂液量的不断增加，岩心中发泡充分，泡沫性能变强，注入压力平稳增加，最终达到稳定压力。不同发泡剂浓度下的稳定渗流压差与气水同驱的稳定渗流压差之比定义为泡沫的阻力因子（表 5-3）。

表 5-3　不同发泡剂浓度时的阻力因子

发泡剂浓度 /%	0.1	0.2	0.3	0.4	0.5
阻力因子	7.42	9.25	10.83	13.33	16.00

在气液比相同的条件下，CYL 发泡剂的阻力因子随着发泡剂浓度的增加逐渐升高，但存在一转折点，当浓度增加到 0.3% 之后，继续增加浓度时，稳定渗流压力增加幅度减小。这是由于在气液比相同的条件下，当发泡剂浓度增大时，发泡剂在岩心中的发泡能力和稳定能力增强，形成的泡沫性能更好。而且较高

的发泡剂浓度可以使形成的泡沫液膜强度增大，阻止液体从液膜中排出，因而也控制了气体的逸出速度。这样，随发泡剂浓度的增大，液膜强度随之增加，泡沫的封堵能力增强。因此，气液比相同的条件下，发泡剂浓度越高，泡沫达到稳定时的压差也越高，封堵能力越强。

2）气液比对封堵能力的影响

泡沫的阻力因子随着气液比的增大而增大，气液比 1：1 是个转折点，大于 1：1 后，阻力因子随着气液比的增大而减小（图 5-27）。这主要是因为在气液比为 1：2 时，气体流速小，岩心内部的气量少，生成的泡沫少。当气液比增大到 1：1 时，岩心内部生成大量的稳定泡沫。当气液比大于 1：1 时，在注液速度不变的条件下，气液比越大，注入 CO_2 的速度越大，注入的发泡气体越多，岩心内部气体开始气窜，形成稳定泡沫的量越来越少，封堵效果变差[3]。

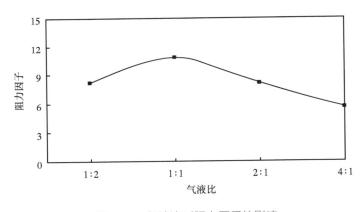

图 5-27　气液比对阻力因子的影响

3）注入速度对封堵能力的影响

注入速度越大，泡沫稳定渗流压差越大。这主要是因为在气液比相同的条件下，注气速度增大的同时，发泡液的注入速度也在增大，相同时间内注入岩心中的发泡剂溶液量越多，发泡能力越强，对岩心的封堵能力增强的缘故。由于吉林油田油层的渗透率低，注入压差会很大，考虑地层的破裂压力，注入速度不宜过大，选择 0.2mL/min 为宜（图 5-28）。

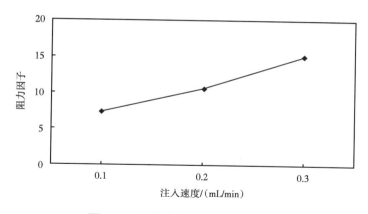

图 5-28　注入速度对阻力因子的影响

4. 泡沫驱油性能研究

1）最佳注入方式优选

固定气液比为 1∶1，CYL 发泡剂的浓度为 0.5%，泡沫段塞大小为 0.6PV，交替周期为 0.1PV，交替 6 次的交替注入方式，进行 CO_2 泡沫驱和气驱 +CO_2 泡沫驱，对比气液同注时 CO_2 泡沫驱和气驱 +CO_2 泡沫驱的实验结果，研究交替注入和气液同注方式对 CO_2 泡沫驱采收率和注入压力的影响，选择最佳的注入方式。实验结果见表 5-4。

表 5-4　不同注入方式时的实验结果汇总

岩心号	实验方案	孔隙度 /%	饱和度 /%	采收率 /%
WGJT	CO_2 泡沫驱（交替注入）	11.50	61.72	53.67
WGTS	CO_2 泡沫驱（同时注入）	10.96	59.35	55.40
G+WGJT	CO_2 气驱 +CO_2 泡沫驱（交替注入）	11.84	56.34	35.49+15.54
G+WGTS	CO_2 气驱 +CO_2 泡沫驱（同时注入）	10.83	58.73	35.73+17.05

在岩心渗透率、泡沫段塞大小、气液比相同时，CO_2 泡沫驱可在 CO_2 气驱后提高采收率 15% 以上。注入方式对 CO_2 泡沫驱采收率影响不大，气液同时注入的驱油效果稍好于交替注入方式的采收率。

2）气液比对 CO_2 泡沫驱油效果的影响

CYL 发泡剂的浓度为 0.5%，泡沫段塞大小为 0.6PV，选择气液交替的注入方式，更改交替周期和交替次数，进行气驱后 CO_2 泡沫驱，研究气液比（气液比分别为 1:2、1:1、2:1）对 CO_2 泡沫驱采收率和注入压力的影响，选择最佳的气液比。实验结果见表 5-5。

表 5-5　不同气液比时的实验结果汇总

岩心号	实验方案	孔隙度 /%	饱和度 /%	采收率 /%
G+WGJT0.5	CO_2 气驱 +CO_2 泡沫驱（交替注入，气液比 1:2）	11.02	57.85	36.26+12.78
G+WGJT1	CO_2 气驱 +CO_2 泡沫驱（交替注入，气液比 1:1）	11.84	56.34	35.49+15.54
G+WGJT2	CO_2 气驱 +CO_2 泡沫驱（交替注入，气液比 2:1）	12.63	57.17	35.64+13.97

在岩心渗透率、注入方式、泡沫段塞大小相同时，气液比对 CO_2 泡沫驱采收率有一定影响，采收率随着气液比的增大而增大，气液比 1:1 是个转折点，在气液比大于 1:1 后，泡沫驱采收率又减小（图 5-29）。这主要是由于气液比为 1:2 时，用于 CO_2 气体不足，在岩心中产生的泡沫量少，封堵高渗透层的效果不是特别明显。当气液比为 1:1 时，在岩心内部生成大量的稳定泡沫，封堵高渗透层的效果较为理想，当气液比增大到 2:1 时，气体流量过大，生成泡沫不稳定，气体有沿着高渗透层气窜的趋势。

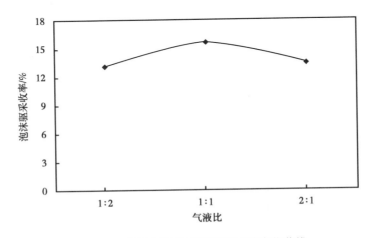

图 5-29　泡沫驱采收率随气液比的变化曲线

3）渗透率对 CO_2 泡沫驱油效果的影响

由于吉林油田属于裂缝性低渗透油田，孔喉尺寸分布范围广，不同层段的渗透率相差很大，为了明确渗透率对泡沫驱油效果的影响，选择最小渗透率 0.24mD、平均渗透率 4.08mD 和最大渗透率 9.85mD 的三块裂缝性岩心进行实验研究，研究在泡沫段塞大小、气液比相同的条件下，渗透率对泡沫驱采收率的影响。实验结果见表 5-6。

表 5-6　不同渗透率时的实验结果汇总

岩心号	实验方案	渗透率 /mD	孔隙度 /%	饱和度 /%	采收率 /%
G+WGJT0.24	CO_2 气驱 +CO_2 泡沫驱（交替注入，气液比 1∶1）	0.24	10.17	57.27	36.12+13.83
G+WGJT4.08		4.08	11.84	56.34	35.49+15.54
G+WGJT9.85		9.85	10.17	57.27	35.76+16.82

相同的实验条件下，渗透率的变化对气驱采收率无明显影响，对泡沫驱采收率有一定影响，泡沫驱采收率随着渗透率的增大而增大。

4）水驱、CO_2 驱、CO_2 泡沫驱油效果对比研究

上面的实验结果表明，气驱 + 泡沫驱替的段塞大小为 0.6PV，注入方式为气液交替注入，气液比为 1∶1，交替周期为 0.1PV，交替 6 次时的驱替效果较好。为了研究相同段塞时泡沫提高采收率的能力，对裂缝性低渗透岩心，分别采用三种驱替方式——泡沫驱替，气驱、水驱进行驱油实验，比较三种驱替方式的驱油效果。实验结果见表 5-7。

表 5-7　不同驱替方式的实验结果汇总

岩心号	实验方案	渗透率 /mD	孔隙度 /%	饱和度 /%	采收率 /%
WF	水驱	3.96	12.15	65.45	23.42
GF	CO_2 气驱	4.32	11.63	59.27	35.74
WGJT	CO_2 泡沫驱（交替注入）	4.21	11.50	61.72	53.67

裂缝性低渗透岩心中水驱的采收率最低，为 23.42%，CO_2 气驱的采收率居中，为 35.74%，CO_2 泡沫驱采收率最高，为 53.67%。这主要是因为裂缝性低渗透砂岩油藏往往存在天然裂缝和人工裂缝，注水后水窜严重，见水后产量快速递减，水驱作用有效期短，采收率低。CO_2 气体注入岩心后，由于 CO_2 体积膨胀，降低了原油黏度，提高了注入压力的同时，CO_2 还能够从原油中萃取大量烷烃，在驱替前缘气相有足够量的烷烃可以形成混相驱，驱油效果明显好于水驱。泡沫视黏度高，并随介质孔隙度（或渗透率）的增大而升高，可改善流度比，增大高渗透层、裂缝的流动阻力，发挥低渗透层的作用；另外，泡沫还具有封堵调剖能力强、遇水稳定遇油破灭的特性，增加了封堵的选择性，在抑制裂缝中气窜、水淹的同时大大提高了裂缝性低渗透岩心的采收率[4]。

5. 泡沫微观性能研究

1）浓度对泡沫体系性能的影响

为了给现场试验及施工提供更好的理论依据，研究了耐高温泡沫体系性能随浓度的变化情况。（1）随着泡沫体系浓度的增加，初始起泡体积与半衰期均呈先增加后减小的趋势，浓度 0.5% 时达到最大值。这是因为当浓度大于 0.5% 时，随着浓度的继续增加，泡沫含液量不断减小，使泡沫"脆性"增加，反而变得不稳定。（2）浓度小于 0.5% 时，初始起泡体积与半衰期的增加趋势根据急缓程度又分为两个阶段：浓度小于 0.3% 时，增加趋势较缓，而浓度大于 0.3% 时，增加趋势较急。这是因为泡沫体系浓度小于 0.3% 时，表面活性剂浓度小于临界胶束浓度，随着表面活性剂浓度的增加，表面张力持续下降，生成的泡沫数量不断增多；当泡沫体系浓度大于 0.3% 时，表面活性剂浓度大于临界胶束浓度，表面张力不再减小，增加的表面活性剂分子会富集形成致密的表面膜以增加泡沫稳定性（图 5-30 和图 5-31）。

2）温度对泡沫体系性能的影响

基于深层高温油藏泡沫驱的需求，考察了耐高温泡沫体系在 97℃ 的起泡性与稳泡性，测试条件为泡沫体系浓度 0.5%、压力 10MPa、矿化度 11533mg/L

（图 5-32 和表 5-8）。（1）随着温度的升高，初始起泡体积和半衰期都呈缓慢下降趋势。这主要是由于温度升高时，液膜的表面黏度降低，液膜排液速率增加；气泡中分子运动加剧，液膜变薄，增加"气窜"；液体蒸汽压增加，液膜急速蒸发使其变薄。（2）泡沫体系在 97℃ 高温下的初始起泡体积和半衰期仍然分别高达 780mL 和 300s，具有良好的耐高温性。这主要是由于选用的固态稳泡剂—复合型稳泡剂具有很好的耐高温性，由其形成的空间壁垒网络结构可以抵御液膜变薄导致的气泡聚并和歧化；此外，选用的表面活性剂位置适应性较好，可以最大限度发挥协同作用，使其分子密集排列来增强表面膜的强度和弹性，对抗高温下分子剧烈布朗运动产生的离散作用。

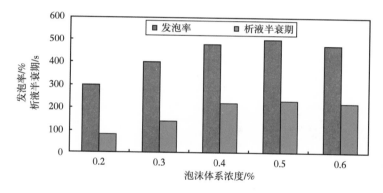

图 5-30　不同浓度下起泡剂的发泡性能评价

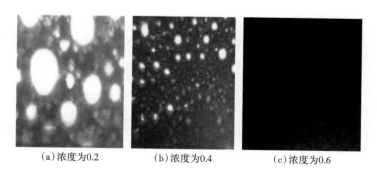

图 5-31　不同浓度泡沫的微观结构变化

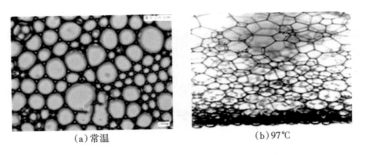

（a）常温   （b）97℃

图 5-32   不同温度下起泡剂的发泡性能评价

表 5-8   耐高温泡沫体系的发泡性能评价

温度 /℃	发泡率 /%	析液半衰期 /s
室温	460	625
42	425	480
97	390	300

3）矿化度对泡沫体系性能的影响

图 5-33 为浓度 0.5% 的泡沫体系在矿场清水及污水中的发泡情况，测试条件为常温常压。由图 5-33 可知：初始起泡体积与半衰期随矿化度的增加均呈缓慢下降趋势。这可以通过 DLVO 双电层理论解释。正常状态下，液膜两侧的离子型表面活性剂分子的带电基团与其电离出的平衡离子构成的双电层有相互排斥的作用，可以防止液膜进一步变薄。而在模拟地层水中，由于高浓度的矿化离子会压缩液膜的双电层，从而降低液膜之间的静电排斥力，增加气泡的聚并率。（2）在 11533mg/L 的高矿化度下，初始起泡体积和半衰期分别高达 760mL 和 395s，证明泡沫体系具有优良的抗矿化离子能力。这主要是由于选用的复合型稳泡剂形成的固态膜不会受到矿化离子的干扰，且选用的表面活性剂的极性基为强电解质离子头基，极性基离解状况不受溶液中其他电解质的影响（图 5-34）。

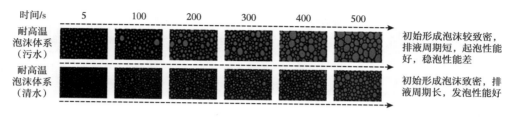

图 5-33　不同矿化度下泡沫微观性能比较

4）原油含量对泡沫体系性能的影响

原油的存在会严重影响泡沫的稳定性：一方面，原油在气泡液膜表面的铺展会使表面活性剂分子离开气水界面；另一方面，原油接触泡沫后会在气水界面乳化成小油珠，破坏液膜的完整性。表 5-9 为泡沫体系在不同原油含量条件下的初始起泡体积与半衰期，测试条件为温度 97℃、常压、矿化度 11533mg/L、泡沫体系浓度 0.5%。在原油含量高达 10% 时，初始起泡体积和半衰期分别高达 400% 和 430s，说明泡沫体系具有优良的抗原油能力。这可能是因为：一方面，引入复合型稳泡剂作为固态稳泡剂，可以吸附在气液界面形成固态膜，阻止原油对液膜的破坏；另一方面，引入"既疏水又疏油"、能够显著降低油水界面张力的阴离子表面活性剂，从而降低泡沫体系的能量，增强泡沫稳定性。随着原油含量的增加，添加耐高温泡沫体系的初始起泡体积与半衰期均增加。这是由于测试温度高于原油的沸点，原油含量越高，由原油挥发产生的气体越多，气泡的体积越大、个数越多。

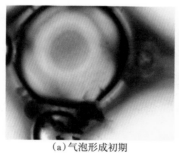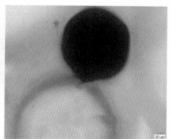

（a）气泡形成初期　　　　　　　　（b）气泡形成后期

图 5-34　含油状态下泡沫微观形态变化过程

表 5-9　不同含油饱和度下泡沫发泡性能比较

含油比例	发泡率 /%	析液半衰期 /s
无油	480	600
5% 原油	425	520
10% 原油	400	430

二、调堵技术

由于 CO_2 的黏度和密度比原油低，在低渗透裂缝性储层开展 CO_2 驱试验过程中会发生黏性指进和重力分异现象，迫使注入的 CO_2 绕过被驱替的油发生窜流，降低了波及效率，部分油井过早气窜，出现产液量下降、气油比急剧上升等现象。为了封堵 CO_2 气体气窜，目前封堵气窜技术有耐酸高温凝胶体系、CO_2 自增稠体系等，但是该技术目前尚处在实验研究阶段，现场试验效果有待验证。

1. 耐高温耐酸凝胶体系

1）耐酸耐高温凝胶体系作用机理

室内研究耐温、耐酸凝胶体系主要机理如下：

（1）通过引入抗温单体丙烯腈等大分子疏水单体，大分子高位阻的聚合物在高温下不易分解断链，而丙烯酰胺的减少使得高温水解摩尔数量降低，不能够水解，分子断链的概率降低，从而黏度不会随温度的升高而降低。

（2）加入稳定剂在达到一定温度时速控剂会发生分解，产生一种有机小分子化合物，可以与酸液中的 H^+ 作用生成一种配位化合物，这种配位化合物会吸附在堵剂表面带正电，使酸液中的 H^+ 很难靠近堵剂表面，从而可以大大增强堵剂的抗酸性。

（3）药剂体系注入地层后，在气驱替作用下形成凝胶，在 3~10d 内成胶，能有效封堵高渗透层，迫使后续液体转向含油饱和度高的部位驱替原油，从而提高波及系数。作为一种表面活性剂，能降低油水界面张力，提高驱油效率，在含油饱和度高的油层部位，凝胶体系易溶于油，不起泡，也不堵塞孔隙孔道，能提高洗油效率。

2）耐酸耐高温凝胶体系的静态性能评价

对凝胶体系的分子结构、初始粒径、微观形貌、流变性、抗剪切、悬浮稳定性等性能进行表征。

A 级表示完全没有成胶；B 级表示凝胶体系黏度增大，仍具有高流动性；C 级呈高流动胶状态，并伴随轻微挂壁现象；D 级呈中等流动胶状态，挂壁现象明显；E 级呈低流动胶状态；F 级为高变形流动胶；G 级为中等变形流动胶；H 级为低变形流动胶，基本无流动，有舌长，但舌长较短；I 级为刚性胶，无流动，无舌长（图 5-35）[5]。

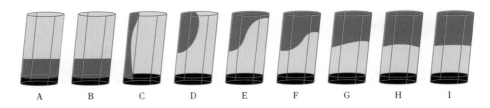

图 5-35　凝胶强度测定标准

采用真空度测试仪测定低本体凝胶体系成胶后的耐压值（图 5-36）。将 U 形管的一端插入本体凝胶下方 1cm 处后打开真空泵，记录当本体凝胶从 U 形管吸入至锥形瓶时的瞬时压力，此压力数值即为本体凝胶的耐压值。

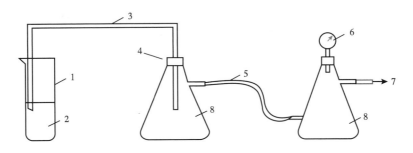

图 5-36　凝胶耐压值测定仪示意图

1—凝胶瓶；2—凝胶瓶中装入的凝胶；3—U 形管；4—胶塞，封堵锥形瓶，提供密闭环境；5—橡胶密封管；
6—真空压力表，连接真空度测试仪；7—真空泵；8—厚壁锥形瓶

3）对耐酸耐盐耐温本体凝胶的微观表征

对研发的耐酸耐盐耐温本体凝胶的微观形貌进行表征。采用环境扫描电子显微镜对耐酸耐盐耐温本体凝胶进行测试，表征耐酸耐盐耐温本体凝胶在含水条件下的微观形貌结构；并结合常规扫描电镜，表征耐酸耐盐本体凝胶的无水环境下的微观形貌结构，与含水条件下结果进行对比分析，从微观角度揭示耐酸耐盐本体凝胶在酸性高盐条件下的稳定机理。

4）对研发的耐酸耐盐耐温本体凝胶的物化性能进行研究

黏弹性测试：本体凝胶的黏弹性的好坏影响其封堵性能。采用流变仪，以耐酸耐盐耐温凝胶颗粒的储能模量和损耗模量为评价指标，模拟不同温度、矿化度、凝胶配方的条件下本体凝胶的黏弹性，对比分析耐酸耐盐耐温本体凝胶与常规凝胶的黏弹性。

蠕变性能测试：采用流变仪（图 5-37），以耐酸耐盐耐温本体凝胶的弹性应变和黏性应变为评价指标，探究不同配方的耐酸耐盐耐温本体凝胶的蠕变性的变化规律，从而得到其蠕变性能以及地层孔隙中的变形运移能力。

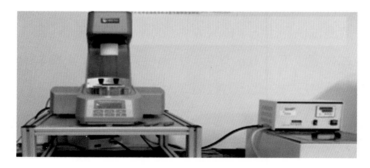

图 5-37　Physica MCR 301 流变仪

抗剪切性能测试：本体凝胶的抗剪切性能代表着本体凝胶的破坏情况。本体凝胶越不容易破坏，则在地下的封堵效果越好。本体凝胶在地面管线经过剪切后其聚合物可能发生断裂，使其无法与交联剂发生交联反应生成高强度凝胶。使用高速剪切机，以本体凝胶成胶前剪切前后的凝胶强度和失水率为评价指标，探究不同配方耐酸耐盐耐温本体凝胶的抗剪切性的影响规律。

本体凝胶成胶后在注入地层孔隙的过程中受到剪切力的作用可能使其破坏，无法达到封堵的效果。使用凝胶封堵材料抗剪切性能智能模拟装置（图 5-38），以本体凝胶剪切前后的凝胶强度和失水率为指标，通过测试进出口凝胶的强度变化，评价不同配方本体凝胶成胶后抗剪切性能的变化规律。

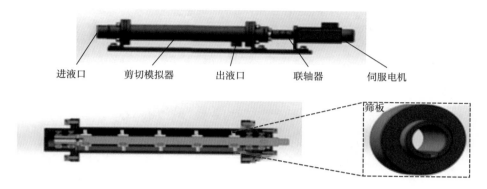

图 5-38　凝胶封堵材料抗剪切性能智能模拟装置结构图

热重测试：通过热重测试评价本体凝胶的热稳定性（图 5-39），以单位时间热失重为评价指标，探究不同配方的耐酸耐盐耐温本体凝胶质量随温度的变化规律。

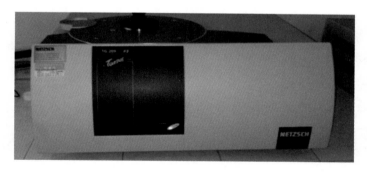

图 5-39　热重分析仪

2. 自增稠体系

基于清洁、自适应的低渗透—致密油藏波及控制/防窜体系，配合工艺，通过"局部窜流"矛盾治理，实现"非均质"储层相对"均质化"，可为水气驱替作用的充分发挥及其他提高采收率技术方法提供基础。

1）技术原理

增稠前 + 原油：对烃类的增溶作用使囊泡结构转化为蠕虫状胶束的过程无法发生，体系保持低黏状态，发挥驱油作用。

增稠后 + 原油：增溶作用使蠕虫状胶束重新变为囊泡结构，体系黏度大幅下降，转化为驱油剂。"遇到原油后自动破胶"（图 5-40）。

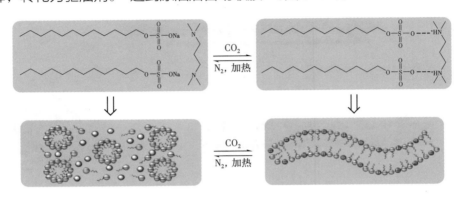

图 5-40　CO_2 自增稠反应机理图

2）性能评价

通 CO_2 前：增稠体系浓度 2.5% 时，体系黏度为 12.6mPa·s；初始黏度很低，易于注入。

遇 CO_2 后：体系浓度从 0.1% 到 2.5% 范围内能自响应实现增稠。体系浓度 0.1% 时，黏度提高 15 倍；2.5% 时，黏度提高 250 倍左右（表 5-10）。

表 5-10　不同浓度下自增稠体系的黏度

体系浓度 /%	增稠前黏度 / mPa·s	增稠后黏度 / mPa·s	增稠倍数
2.50	12.6	3100	246.0
2.00	10.3	2200	213.6
1.50	7.5	1700	226.7
1.25	6.8	860	126.5
1.00	6.2	540	87.1
0.75	5.3	180	34.0

续表

体系浓度 /%	增稠前黏度 / mPa·s	增稠后黏度 / mPa·s	增稠倍数
0.50	4.0	150	37.5
0.25	1.6	40	25.0
0.10	1.3	20	15.4

三、应用实例

大情字井黑 79 小井距试验区开展 CO_2 泡沫调控矿场试验，2018 年 11 月开始在黑 79 北小井距试验 3 个井组，整体注入压力升高 3.2MPa（15.1MPa 上升至 18.3MPa）、气量降低 48%（9200m³ 下降至 4700m³）、控窜效果明显，氯离子含量最大提高 18.4%（3818mg/L 上升至 4520mg/L），起到改善层间矛盾、扩大波及体积作用。

1. 试验取得认识

注气压力提升：注入压力升高，起到了一定封堵效果。

纵向吸入改变：泡沫封堵高渗透条带，改善吸水剖面，使层间均匀吸水，调节层间矛盾。

平面见效调整：物源方向见效明显，产液（油）上升、含水下降，氯离子含量上升，产出液中泡沫剂未检出，扩大波及体积。

2. 典型井分析

综合受效情况：试验区共 12 口采油井，其中累计见效井 6 口，产量平稳井 6 口，见效井以顺物源方向和裂缝方向为主，非优势方向见效不明显（图 5-41 和图 5-42）。

（1）黑 +79-5-3 井位于裂缝方向，初期很快见到较好效果，6 个月后逐渐下降；黑 79-5-3 井位于顺物源方向，后期见效明显，单井产油上升 77%，产气量下降 52.8%，含水率下降 6.25%，说明泡沫封堵高渗透层，见效方向改变。

（2）黑 +79-3-3 井为双向受效井，位于黑 79-3-3 井组物源方向，位于黑 +79-3-01 井组裂缝方向，初期见效不明显，后期产量大幅上升，单井产油上升 162%，产气量下降 41%，含水率下降 11.8%。

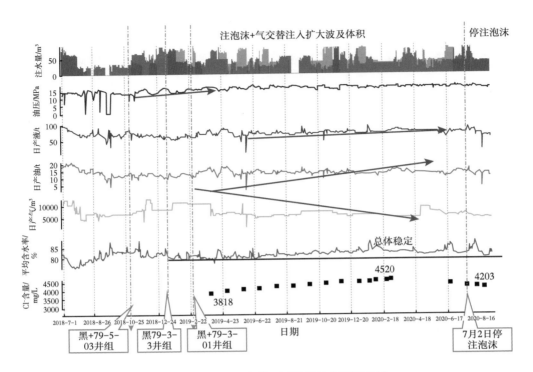

图 5-41　黑 79 北小井距试验区综合开采曲线

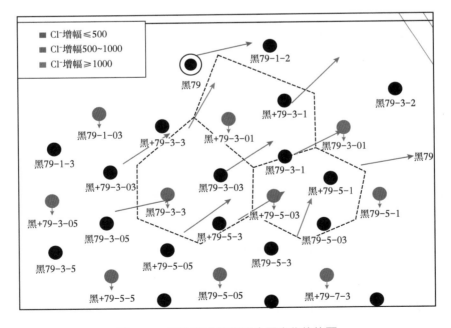

图 5-42　产出液中氯离子含量变化趋势图

>> 参考文献 >>

[1] 岳湘安.我国 CO_2 提高石油采收率面临的技术挑战 [J].中国科技论文，2005（4）：47-52.

[2] 肖传敏.泡沫复合驱用起泡剂性能评价 [J].精细石油化工进展，2008，9（7）：14-15.

[3] 李春，伊向艺，卢渊.CO_2 泡沫调剖实验研究 [J].油田化学，2004，21（4）：107-109.

[4] 王佩华.泡沫堵水调剖技术综述 [J].钻采工艺，2000，23（2）：60-68.

[5] 王冰，王波，葛树新.凝胶发泡体系室内试验研究 [J].大庆石油地质与开发，2006，25（3）：62-63.

第六章　封井工艺技术

在 CO_2 驱实施过程中，由于部分井不满足 CO_2 驱注采工程的需求或部分层段不具备开发价值，需要进行永久性报废或对其部分井段进行封堵处理，避免注入层的 CO_2 进入井筒或渗入其他渗透性地层，需要根据 CO_2 驱特点研究封层或封井技术。本章将介绍封井技术路线、封堵剂优选、封堵注入参数、封井工艺管柱等。

第一节　封井技术路线

按照井的封堵程度不同，封井技术路线分为两类井实施，第一类是部分井部分层段不再利用，实施封层，其他层段继续利用；第二类是废弃井不再利用，实施封层、封井筒。主要的封井技术路线是：选用耐 CO_2 腐蚀的水泥浆，先封堵射孔层段，对于注气层段封堵应采用水泥浆与层上坐封桥塞的组合方式隔断，使 CO_2 气体不能通过井筒往上层段窜通；再往井筒注厚度不少于 100m 的水泥塞封堵井筒，然后封堵淡水层和地表。

废弃井的封堵应对已射孔井段采用挤注水泥的方式进行封堵，封堵半径为 0.8~2.0m；对注气层段的封堵应采取坐封桥塞方式隔断气源，阻止 CO_2 气体通过井筒往上部层段窜通；并对注气层上下各 100m 范围内井段注水泥塞封堵，注水泥塞按照 SY/T 5587.14—2013《常规修井作业规程 第 14 部分：注塞、铅塞》的要求执行。主要的封井技术路线如下。

一、测井口压力查井况

先通过井口测试井内压力情况，如果井内有压力，首先进行压井，在井内无压情况下，复测井眼轨迹及井口坐标；检查全井固井质量，查明井况，明确井下落物、套变、错断、漏点以及窜层等其他井况情况。

二、注气层段封堵

（1）注气层段已射孔，应先采用挤注水泥的方式对注气层段进行封堵，封堵半径为 0.8~2.0m，根据封堵井属于利用井、废弃井中的哪一类型，分别处理：一类利用井，在封层候凝后钻塞试压封堵塞合格后下注入管柱投注；第二类废弃井，在注气层段注水泥塞，带压候凝，水泥塞厚度应覆盖注气层段达到 100m 以上（依据 SY/T 6616—2017《废弃井及长停井处置指南》）。

（2）封堵井的注气层未射孔时，应在注气层段对应的套管内注水泥塞，带压候凝，水泥塞厚度应覆盖注气层段并达到 100m 以上。

三、注气层以上井段的封堵

（1）注气层以上 100m 范围内无射孔井段且套管无漏失，应在封堵注气层所留水泥面上坐封桥塞以隔离井筒气，然后在桥塞上继续注水泥塞，带压候凝，水泥塞厚度达到 100m 以上。

（2）注气层以上 100m 内有射孔井段或者套管有漏失，应采用挤水泥的方式进行封堵，且在封堵前应在封堵层段以下坐封桥塞以隔离井筒气，封堵后，再在井筒内注水泥塞，带压候凝，水泥塞厚度达到 100m 以上。

（3）注气层以上 100m 内固井质量不合格的井段，应在该井段内进行射孔二次固井，再注水泥塞，带压候凝，水泥塞厚度达到 100m 以上。

实施过程中，为确保废弃井封固质量，提高安全级别，可采取生产套管井筒内全部充满水泥封堵。可采用下油管循环顶替法注水泥塞封堵。

四、淡水层封堵

依据 SY/T 6646—2017《废弃井及长停井处置指南》中关于淡水层封堵要求，对于浅层水系位置套管外无水泥固结的情况，可以采用以下方法对淡水层进行封堵。

（1）套管外有水泥固结的井，从淡水层最底部以下至少 30m 到淡水层的底部，注一悬空水泥塞来封堵淡水层。

（2）管外无水泥固结的井封堵淡水层应遵循以下原则。

①在套管外没有被水泥固结的地方，通过射孔并挤水泥对淡水层底部进行封堵，在炮眼以上至少 15m 处通过下入水泥承留器或可取式封隔器等方式，向炮眼里挤水泥来封堵射孔井段（封堵半径 0.8~2.0m），水泥浆的用量应满足水泥承留器或封隔器以下至少 30m 的套管内容积和封堵处理范围内的水泥浆用量，并在其上留一个厚度至少 50m 的水泥塞。

②当生产套管外没有水泥固结时，封堵淡水层底部的建议方法是在对每一种方法的相关问题和风险分析的基础上综合考虑，如果淡水层在表层套管外，且不拔出生产套管，则应保证在表层套管鞋处已被封堵，当然，在封堵淡水层底部后，也可以注一个表层水泥塞。

③如果井段过长或者存在需要严格区分各淡水层之间的水质差异等其他原因时，适当地（或按相关标准或法规的要求）在长井段内部增加一个水泥塞。

五、封堵地表层（井口）

依据 SY/T 6646—2017《废弃井及长停井处置指南》中封堵地表层要求，设计封固井段的水泥塞顶面返至地面，卸掉井口，割掉套管，下卧地面以下 1.5m，若井筒内无水泥则需用水泥浆填满这些空间，使用井口帽焊牢并填平地面、恢复地貌、设置地面标志。

六、特殊井的注气层段封堵要求

如果井筒存在套变、错断、存在漏点和落物等非全通径井，无法实现上述的有效封堵或封隔时，需要先明确井况后，进行找漏点、打捞落物、治套等修井治理打开通道，实现井筒从井口到封堵层段底界畅通，再进行封堵作业。如遇到复杂井况，无法打开通道，另行研究特殊井封井工艺。

第二节　封井工艺

由于 CO_2 气体具有易泄漏、易窒息等特殊性，为保证封井后 CO_2 驱注采井的安全，主要从封井管柱、压井液、封井堵剂、封井程序等方面进行设计。

一、区块或单井基本情况及注意事项

（1）相关地质资料、流体性质、地面状况描述清楚。

（2）做好风险提示。

①标注和说明：在地质设计中对井场周围 500m 范围内（含硫油气田探井井口周围 3km、生产井井口周围 2km 范围内）的居民住宅、学校、厂矿（包括开采地下资源的矿业单位）、国防设施、高压电线和水资源情况以及风向变化等情况进行标注和说明。

②异常高压等情况提示：对本井及构造区域内可能存在的异常高压情况进行提示和说明（依据 Q/SY 1270—2010《油气藏型地下储气库废弃井封堵技术规范》）。

③有毒有害气体提示：对本井或本构造区域内的 H_2S、CO_2 等有毒有害气体的情况进行提示和说明。依据地质设计中 H_2S 等有毒有害气体的风险提示，制定相应的防范要求。

（3）单井需应根据各区块地质方案提供的风险级别，结合施工工艺情况对施工井进行风险评估。

按照危害级别从高到低划分为Ⅰ类井、Ⅱ类井、Ⅲ类井，并在设计封面右上角标明，并根据井控风险级别选择包括防喷器等匹配井控措施。

二、封井管柱设计

1. 报废封井常用工艺管柱

1）封堵射孔段

治理修复后井况良好，油层段井筒畅通井：下入分段挤入封井管柱为管挂短节 + 油管（钻杆）+ 封隔器 + 定压器 +1 根油管（钻杆）+ 丝堵。

不能治理修复，油层段井筒非全通径井：下入油管循环挤注封堵为管挂短节 + 油管（钻杆）。

2）封堵套内井筒

下入油管循环挤注封堵为管挂短节 + 油管（钻杆）。

2. 套外淡水层封堵射孔挤水泥封堵常用工艺管柱

下入桥塞在射孔段下部，填砂。管柱为管挂短节 + 油管（钻杆）+ 封隔器 + 定压器 +1 根油管（钻杆）+ 丝堵。

三、压井液优选

根据地质设计参数，明确压井液的类型、密度、性能、备用量及压井要求。压井液密度的确定应以地质设计中提供的本井目前地层压力为基准，再加一个附加值。根据当地井控管理规定要求，压井液密度依据地层压力系数附加油藏按 0.05~0.10g/mL 或者 1.5~3.5MPa 确定（具体数值根据当地井控管理规定确定）。具体选择附加值时推荐：浅井以压力附加值为准，深井以密度附加值为准；含硫化氢等有毒有害气体的油气层压井液密度的设计，其安全附加密度值或安全附加压力值应取上限值。压井液备用量按当地井控管理规定执行。

四、封井堵剂设计

1. 水泥体系性能要求

常规水泥体系耐 CO_2 性能较差，渗透率在 CO_2 环境中升高速度较快，根据前期研究成果，水泥浆添加防腐添加剂后具有较好的耐腐蚀性能，可用于封层使用。

常规水泥体系耐 CO_2 性能较差，渗透率在 CO_2 环境中下降速度较快，耐 CO_2 新型防腐水泥材料具有较好的耐腐蚀性能，可用于 CO_2 驱注采井封层使用（表 6-1）。

表 6-1 常用水泥体系耐 CO_2 性能对比

名称	抗压强度 /MPa		渗透率 /mD	
	腐蚀前	1 个月	腐蚀前	1 个月
国外某水泥浆	12.00	22.20	8.40	0.57
耐 CO_2 水泥浆	39.62	24.40	0.50	0.98
常规防窜体系	8.20	12.30	11.85	0.32

水泥堵剂体系具体性能参数要求如下：

（1）体系游离液控制为 0，滤失量控制在 50mL/30min 以内；

（2）堵剂体系气测渗透率小于 0.05mD；

（3）沉降稳定性实验堵剂体系上下密度差应小于 0.02g/cm³；

（4）堵剂体系 24~48h 抗压强度应不小于 CO_2 注入层最高注入压力；

（5）为满足现场施工时间要求，避免出现"插旗杆"或"灌香肠"等工程事故，还要求堵剂体系稠化时间至少在 6h 以上；

（6）堵剂体系具有较好粒径、黏度、剪切性能等指标，满足挤注作业的要求。

2. 堵剂用量计算

1）封堵射孔层段水泥浆设计

按照 SY/T 6646—2017《废弃井及长停井处置指南》中 5.3.1.2 挤水泥法：水泥浆的用量应满足水泥承流器以下至少 30m 的套管内容积和炮眼漏失量。

油层部位封堵水泥用量设计计算公式：

$$V = H\pi r_t^2 \phi\alpha \tag{6-1}$$

式中　V——挤注水泥用量，m³；

　　　H——油层射孔厚度，m；

　　　r_t——封堵半径，一般取 1.2m，m；

　　　ϕ——油层有效孔隙度，%；

　　　α——附加系数。

2）封堵井筒水泥浆用量设计

封堵井筒水泥浆用量设计计算公式：

$$V = \frac{\pi}{4}D^2 HK \tag{6-2}$$

式中　V——水泥用量，m³；

　　　D——套管内径，m；

　　　H——水泥塞长度，m；

　　　K——附加系数。

3）套管外封堵水泥用量设计

计算公式：

$$V = \frac{\pi}{4} \times \left(D^2 - d^2 \right) \times H \times \alpha \qquad （6-3）$$

式中　V——水泥用量，m^3；

　　　D——井眼平均井径尺寸，m；

　　　d——套管最大外径尺寸，m；

　　　H——封堵深度，m；

　　　α——附加系数。

五、封井作业程序

1. 处理井口

井口具备取油、套压、洗井、压井等条件。压井，安装井控井口，确保井口不刺、不漏、不渗。

作业施工中井口应具备的基本条件及要求：现场应具备水泥注入的最高压力标准的井口和阀门，不具备必须更换；井口应具备注入压井、放空循环、总控三套控制阀门；要求井口与井控防喷器及简易井口防喷控制装置具有很好的通配性能。

2. 通井查套

（1）对于报废井，需在前期修井作业总结资料的基础上，重新进行通井查套验证。

①管柱结构自下而上依次为通径规、油管（钻杆）（依据 SY/T 5587.5—2018《常规修井作业规程　第 5 部分：井下作业井筒准备》）。

②通井时应平稳操作，管柱下放速度控制为小于或等于 20m/min，下到距离设计位置 100m 时，下放速度小于或等于 10m/min。

③通井时，若中途遇阻，悬重下降控制不超过 30kN，并平稳活动管柱、循环冲洗。

④对遇阻井段应分析情况或实测打印证实遇阻原因，并经修整后再进行通

井作业。

（2）对于遇阻位置，采用铅模打印的方式进行井下状况分析判断。

①铅模打印管柱结构：铅模、油管（钻杆）柱。

②首次调查套管损坏状况或落实鱼顶状况，选用外径小于套管内径 4~6mm 的铅模；进一步落实套损通径时，选用小于套损通径 2~3mm 的铅模。

③下到预计打印深度以上 20~30m 时，下放速度控制在 0.5~1m/s，遇阻悬重下降 30~50kN 时记录方余，计算深度。每次打印只许压一次。

④当用带水眼的铅模打印时，下到预计打印深度以上 1~2m 时，开泵循环工作液 1~2 周，然后再打印。

⑤如果一次打印不能得出确切的结论，可改变铅模尺寸再次打印，直至得出结论。

3. 磨铣治套处理

（1）在以往资料基础上，治套前进一步查清套损深度、类型及通径。

（2）管柱结构（自下而上）：高效磨铣工具（耐磨合金铣锥）、安全接头、扶正器、配重钻铤、钻杆柱。

（3）宜用梨形铣鞋、柱形铣鞋、铣锥等下部有锥形导向体的磨铣工具。

（4）首次下磨铣工具的最大外径要大于套损通径 4~6mm，最小外径要小于套损通径 4mm 以上。最后一次磨铣，工具的最大外径一般要小于套管内径 4mm 以上或符合设计要求。

（5）磨铣工具上方连接钻铤或扶正器。扶正器与磨铣工具的距离一般要大于磨铣段长度。

（6）工具下至欲磨铣井段以上 1~2m，记录悬重，开泵循环工作液 1~2 周。

（7）循环正常后，启动转盘空转，然后缓慢下放钻柱加钻压，合理控制钻压和转速。

（8）工具通过套损段后，再将工具提至治套段上方，适当提高转速反复磨铣几次，直至上提、下放工具无明显夹持力为止。

4. 落物处理

如遇井下有落物井况，应采取打捞处理或套磨铣使落物下移，尽可能使油层全部或部分裸露。依据 SY/T 5587.12—2018《常规修井作业规范 第 12 部分：打捞落物》的要求打捞落物。

（1）了解落物掉井原因，分析落物有无变形及砂埋、砂卡的可能性等情况。搞清落物类别、数量、规格等情况，尤其要落实鱼顶的形状、尺寸、深度，为打捞施工提供基本数据。

（2）对已经采取压井措施施工的井，用原压井液循环 1~2 周，确保打捞过程中不发生井喷。

（3）选择打捞工具的基本原则是打捞成功率高，工具使用方便、安全，施工成本低，不伤害落物，工具耐用性好，同类工具优先选用可退式的。

（4）下井工具的外径与套管内径之间间隙要大于 6mm。若受鱼顶尺寸限制两者直径间隙小于 6mm 时，应在下该工具之前，先下外径与长度略大于该工具的通径规通井至鱼顶。

（5）落物鱼顶或打捞工具与套管间隙过大时，打捞工具或打捞管柱要安装扶正引鞋。一般情况下打捞管柱还要接安全接头。

（6）如遇落物打捞困难，则采取高效套磨铣工具处理，使落物下移，直至油层全部或部分裸露。

5. 洗井

（1）按施工设计的管柱结构要求，将洗井管柱下至预定深度。

（2）连接地面管线，地面管线试压至设计施工泵压的 1.5 倍，经 5min 后不刺不漏为合格。

（3）开套管阀门打入洗井工作液。洗井时要注意观察泵压变化，泵压不能超过油层吸水启动压力。排量由小到大，出口排液正常后逐渐加大排量，排量一般控制在 $0.3~0.5m^3/min$，将设计用量的洗井工作液全部打入井内。

（4）洗井过程中，随时观察并记录泵压、排量、出口排量及漏失量等数据。

泵压升高洗井不通时，应停泵及时分析原因进行处理，不得强行憋泵。

（5）严重漏失井采取有效堵漏措施后，再进行洗井施工。

（6）出砂严重的井优先采用反循环法洗井，保持不喷不漏、平衡洗井。若正循环洗井时，应经常活动管柱。

（7）洗井过程中加深或上提管柱时，洗井工作液必须循环两周以上方可活动管柱，并迅速连接好管柱，直到洗井至施工设计深度。

6. 查漏

依据 SY/T 5587.4—2019《常规修井作业规程 第4部分：找串漏、封串堵漏》中 5.3.1 条款，即封隔器查漏作业程序的规定执行。

（1）起出井内管柱，下管柱探砂面、冲砂。

（2）通至人工井底或通至预测井段底界以下 30m。

（3）按照设计要求下找漏封隔器管柱后，检验封隔器的坐封效果。将封隔器管柱下至验封位置，正注或反注泵压至 10MPa，承压时间 10min，压降不超过 0.5MPa 为合格。

（4）下封隔器管柱至设计找漏位置后坐封。

（5）接泵注设备进出口管线，按规定固定牢靠并进行试压。

（6）启泵对套管施加工作压力，若压降值不大于 0.5MPa，则表明无漏失。

（7）解封后下放封隔器管柱至设计的稍下找漏处，按上述方法重复查漏，若其压降值大于 0.5MPa，则表明该卡距井段漏失。

7. 废弃封井

封井作业实施应满足 SY/T 6646—2017《废弃井及长停井处置指南》关于有套管井的弃井作业相关要求。

1）套内封堵

（1）第一类方式：如井筒畅通，下入分段挤入封井管柱，将小直径封隔器下至射孔层段上部，对油层进行挤入封堵。再下管柱对井筒进行循环注水泥封堵（图 6-1）。

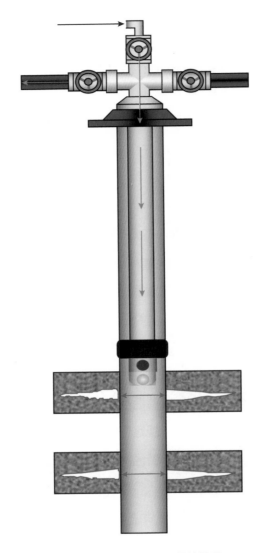

图 6-1　分段挤水泥封井管柱图

①施工工艺：采用分层 / 分段挤水泥法。

②常用工艺管柱结构：管挂短节 + 油管 + 安全接头 + 单流阀 + 封隔器 + 定压器。

③封井工艺设计。

（a）下封堵管柱至设计位置（套管完好部位）。

（b）连接泵注设备，对地面管线进行水密封试压。

（c）打压胀封，打开定压器。清水试挤求出挤封前地层吸收情况，试挤以压力平稳计时，时间不得低于 5min。通过观察挤入量确定油层封堵用水泥浆量，同时清洗挤封地层通道。

（d）泵注水泥浆达到设计规定用量，投胶塞继续注清水，起压后立即停泵。

（e）候凝，起出封堵管柱。

（f）探水泥面。下管柱探水泥面，连探 3 次，数据一致为合格。

（g）下验封管柱至设计位置，按水泥注入的最高压力试压，稳压 30min 压力不降为封堵合格。

（h）下丢手封隔器，胀封，起出管柱。

（2）第二类方式：如井况较差，遇有套损严重、落物卡阻等情况，分段封堵管柱不能通过，则下油管循环挤注封堵（图 6-2）。

①井口装置工艺设计：井口压力满足水泥注入的最高压力的井口一套、配套高压球形阀门两套，分别接入注入总控位置和放空循环位置。

②常用封井工艺管柱设计：管挂短节 + 油管（原则要求下至射孔顶界以下，实际根据井筒内处理深度确定）。

③挤入施工工艺设计：

（a）清水试挤；

（b）打开放空阀门，注水泥原浆使之返至地面；

（c）迅速起出井下管柱，关闭放空阀门，继续注速凝水泥达到设计用量；

（d）关井候凝 48h；

（e）打开井口清水试挤，试挤压力 15MPa，稳压 30min 压力不降为合格。

此外，如遇井内管柱无法起出情况，可采用反循环挤入封井工艺。

该方法是利用原井内生产管柱，从套管挤入反循环至井口，然后关闭油管阀门，从套管挤注水泥固井的施工方式，其他工艺要求继续执行循环挤入封井施工方式。

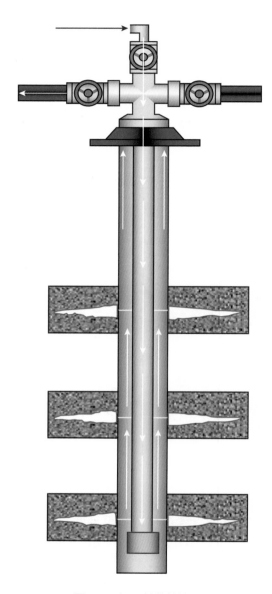

图 6-2　循环封井管柱图

2）套外封堵

油水井水泥返高未到地面或者地表淡水水层以上固井质量不好的井需要进行套外封堵。根据井况可选择套外套铣、二次封固方式，适用于无表套的井；射孔挤水泥封堵适用于有表套的井或其他井。

（1）套外套铣、二次封固工艺。

大修套外套铣作业至设计深度，采用循环固井方式封堵套外，从而保护古近—新近系和第四系水层免受地层流体或地表水窜入的污染。即浅层水系与油层和地表之间达到良好密封不通，实现永久封固。此工序有以下要求。

①要求套外套铣深度至少达到古近—新近系水层底界以下 30m 位置。

②下连续套铣筒通过坍塌层，之后应用大通径套铣钻头收鱼顶，循环封固。

③套外实施二次循环固井时要求水泥面返至地面。

④如收鱼不成，则转为模框法治理方式。钻具冲扫到油层部位，下套管固井，从井口挤水泥，把老井射孔段和老井套管内外用水泥封固。

（2）水泥封井技术要求。

①封井总体技术要求。

（a）油层封堵半径：0.8~2m，一般情况选 1.2m。

（b）套管内水泥面：返至地面。

（c）水泥总量：在设计用量的基础上附加 20%（特殊情况下水泥用量可根据实际情况适当地追加）。

②封井施工参数要求。

（a）注入排量：不小于 0.2m³/min。

（b）注入压力：不大于地层破裂压力的 70%。

8. 封后井口处理

封井完成后，割掉井口，加装专用封井帽子，下卧地下 1m 以下；在井口位置立碑，做永久标示，注明井号，指示风险，严禁在上面改建任何建筑物。同时，要求周边建筑物必须有一定安全距离。无土地使用证则要求购买土地，有土地使用证利用现有井场。

9. 废弃井记录存档

所有封后井，全部用 GPS 重新定位，建账存档。其弃井作业工艺和封堵施工作业记录以永久性文件形式存档，保存在井史文件中。